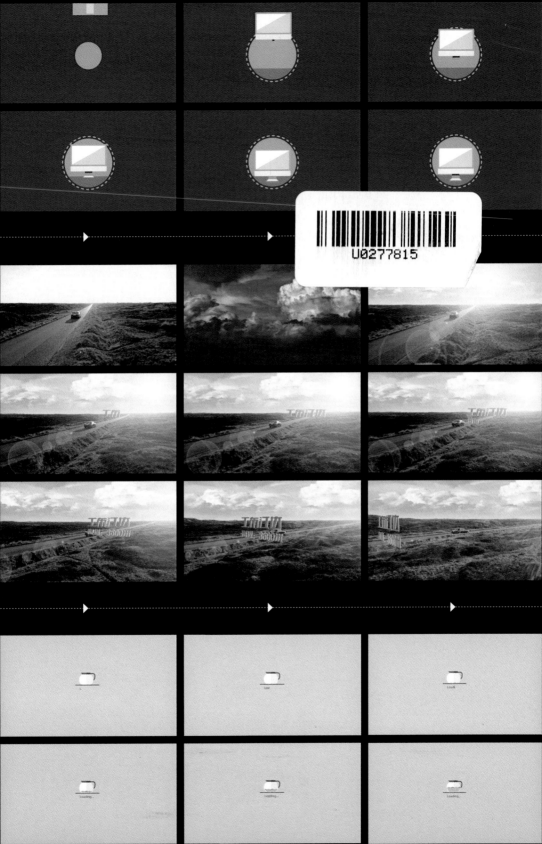

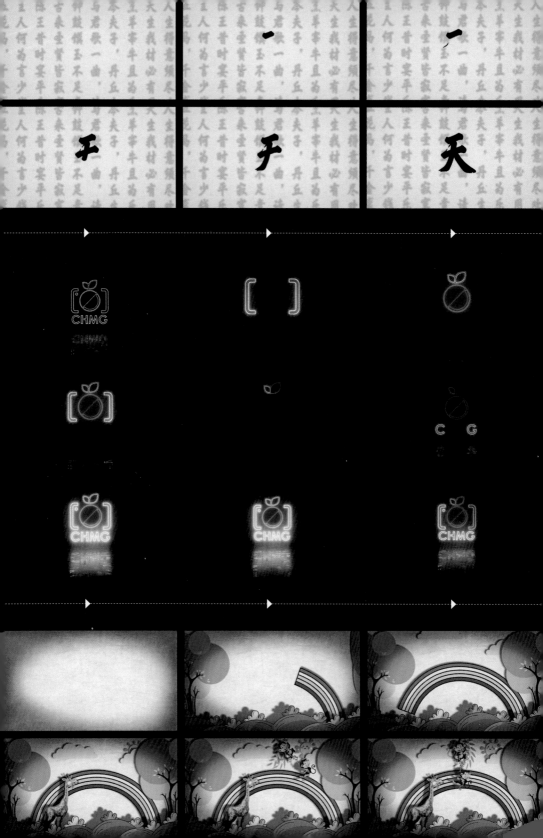

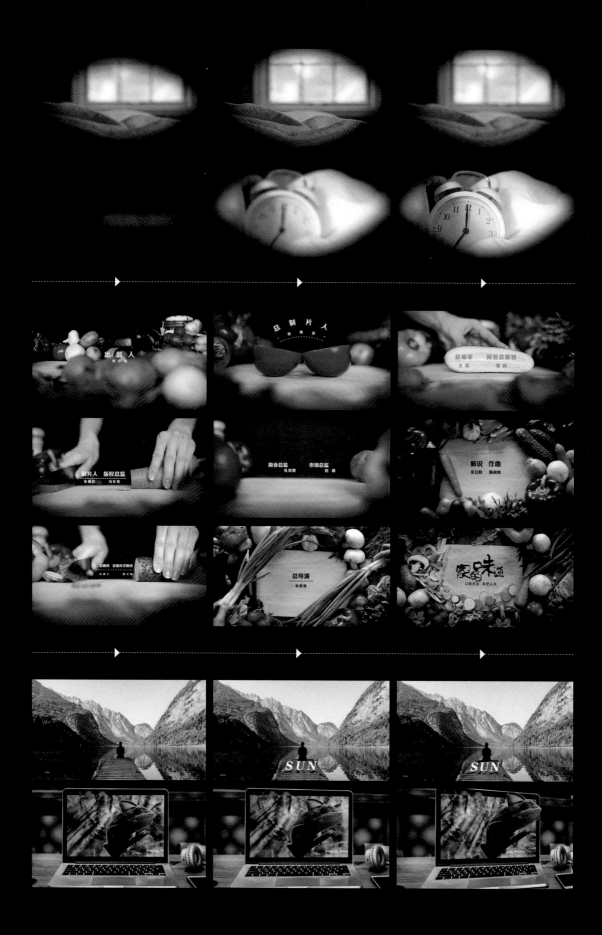

Adobe After Effects
国际认证培训教材

Adobe 中国授权培训中心　主编　　　　　　王云　沈阔　石家静　李旭　编著

人民邮电出版社

北　京

图书在版编目（CIP）数据

Adobe After Effects 国际认证培训教材 / Adobe中国授权培训中心主编 ; 王云等编著. -- 北京 : 人民邮电出版社, 2020.6
ISBN 978-7-115-53546-7

Ⅰ. ①A… Ⅱ. ①A… ②王… Ⅲ. ①图象处理软件－教材 Ⅳ. ①TP391.413

中国版本图书馆CIP数据核字(2020)第043354号

内 容 提 要

本书是 Adobe 中国授权培训中心官方教材，针对 After Effects 初学者深入浅出地讲解了软件的使用技巧，并用实战案例进一步引导读者掌握软件的应用方法。

第 1 课讲解了 After Effects 在不同领域的应用；第 2 课讲解了软件界面和基础操作；第 3 课讲解了图层、合成和项目的相关知识；第 4 课讲解了 MG 动画与关键帧动画；第 5 课讲解了蒙版与遮罩的区别与应用；第 6 课讲解了不同情况下、不同难度画面的抠像技巧；第 7 课讲解了跟踪器、稳定器和摇摆器的应用和使用技巧；第 8 课通过抠像、跟踪和抖动的综合实战案例来巩固第 5 课~第 7 课的知识；第 9 课讲解了 11 个影视制作过程中常用的效果控件；第 10 课讲解了 3D 图层和摄像机的应用；第 11 课讲解了颜色的校正与调整；第 12 课通过狂野非洲预告片实战案例讲解了如何使用前面所学知识制作出商业级别的预告片；第 13 课讲解了渲染输出；第 14 课通过家的味道片头实战案例对本书的学习进行综合运用。

本书附赠视频教程、讲义，以及案例的素材、源文件和最终效果文件，以便读者拓展学习。

本书适合 After Effects 的初、中级用户学习使用，也适合作为各院校相关专业学生和培训班学员的教材或辅导书。

◆ 主　　编　Adobe 中国授权培训中心
　　编　　著　王　云　沈　阔　石家静　李　旭
　　责任编辑　赵　轩
　　责任印制　马振武

◆ 人民邮电出版社出版发行　　北京市丰台区成寿寺路 11 号
　　邮编 100164　电子邮件 315@ptpress.com.cn
　　网址 https://www.ptpress.com.cn
　　北京捷迅佳彩印刷有限公司印刷

◆ 开本：787×1092　1/16　　　彩插：2
　　印张：19.75　　　　　　　2020 年 6 月第 1 版
　　字数：448 千字　　　　　2024 年 12 月北京第 7 次印刷

定价：99.00 元
读者服务热线：(010)81055410　印装质量热线：(010)81055316
反盗版热线：(010)81055315
广告经营许可证：京东市监广登字 20170147 号

编委会名单

主　编： Adobe 中国授权培训中心

编　著： 王　云　沈　阔
　　　　　石家静　李　旭

编委会： 李　鹏　马　乐　杨　曦
　　　　　莫殿霞　刘　涛　司　远
　　　　　尚　航　柏　松　霍岩岩
　　　　　岳厚云　林　海　肖一倩
　　　　　倪　栋　谢　斌　仇　浩
　　　　　王永辉　刘春雷　汪兰川
　　　　　郝　鹏　叶舒飏　王　涵

参　编： 安　麒　李妙雅
　　　　　魏星晨　齐冬梅
　　　　　欧阳妮娜

致谢

创作一本图书的过程是艰辛的。

感谢本书的作者，作为一线的工作者，他们付出大量时间与精力来完成本书的创作和视频录制，这是一件很不容易的事情。

感谢本书的组稿团队成员，他们同样付出了很多心血来完成本书。

感谢本书编辑团队对本书内容、文字的反复推敲、精益求精。

感谢本书的设计师Phia，她为提升阅读体验做出了巨大的贡献。

从超越空间与时间的角度来观察数字艺术行业是非常有趣的。数字艺术作为产业经济中的辅助支持性行业，在新型数字经济生产力下的具体形态和实践中，为经济转型和社会进步提供了极其重要的载体、工具与手段。它不但发展了创意设计本身，也推动和促进了传统社会与经济的价值链、传播链的进化。

20世纪60年代发展并成熟起来的新媒体艺术，为艺术家全方位地进行创作提供了新的平台，在90年代末步入全新的数字艺术阶段。在全球，数字艺术的蓬勃发展引领了新一轮的艺术潮流，毫无疑问，数字艺术产业是21世纪知识经济产业的核心产业。在美国，近几年的电脑动画及其相关影像产品的销售每年获得了上百亿美元的收益；在日本，媒体艺术、电子游戏、动漫卡通等作品已经领先世界，数字艺术产业成为日本的第二大产业；在韩国，数字内容产业已经超过汽车产业成为第一大产业。窥一斑而览全豹，通过上述的数字，我们可以看到数字艺术广阔的发展前景！

在这个过程中，After Effects 记录着大时代变迁的步伐，融入数字经济发展的脉搏。After Effects 不仅与这个时代共同成长，实际上它已经成为这个时代重要的一部分，数字艺术行业随着互联网行业的发展在快速精进、迭代，今天也正在成为数字经济蓬勃发展进程中一股强大的助推力量。

很多人对"创意设计"有误解，认为它是少数天才与生俱来的能力。其实，创意设计是一整套系统性的、上下认可的完整方案。本书以"专业知识和软件技术深度融合、讲解和练习并重、帮助读者解决实际问题"为宗旨，组织多位专家进行编写，博采众长，融合提炼。本书不仅从经典的理论中汲取了养分，还总结了创意设计行业的实践经验。

郭功清
Adobe 中国授权培训中心 总经理

软件介绍

After Effects是Adobe公司推出的一款视频后期处理软件。视频工作者可以用它来制作电影、视频创作中的动画、合成和特效。网页工作者可以用它实现交互设计中的动态部分。After Effects拥有强大的图层、通道、蒙版、关键帧动画等功能，可以用来实现专业的抠图、合成、特效、音视频组合等工作，从而创作出震撼人心的视觉效果。

本书基于After Effects CC 2019编写，建议读者练习时也使用该版本软件。如果读者使用的是其他版本的软件，也可以正常学习本书所有内容。

内容介绍

第1课"After Effects的应用领域"通过对作品进行分类和归纳，讲解了After Effects在不同领域中的具体应用。

第2课"软件界面和基础操作"讲解了After Effects的软件界面、面板、常用的工具、基本的操作，以及软件性能的优化等内容。

第3课"图层、合成和项目"讲解了After Effects中图层、合成和项目的相关知识，并通过小球弹跳动画案例讲解其应用。

第4课"MG动画"讲解了MG动画与关键帧动画的相关知识，并通过电脑滑落MG动画案例和Loading动画案例巩固知识点。

第5课"蒙版与遮罩"将在工作中容易混淆的蒙版与遮罩进行了区分，分别讲解了二者的应用，并通过手机屏幕内容替换练习、探照灯效果练习、写毛笔字效果练习和动感文字转场练习4个案例，帮助读者在实际应用中加深对蒙版与遮罩区别的理解。

第6课"抠像"从最基础的抠像原理着手，结合3个实际案例讲解了不同情况下、不同难度画面的抠像技巧。

第7课"跟踪、稳定和抖动"讲解了After Effects中跟踪器、稳定器和摇摆器的相关知识，通过它们实现视频的跟踪、稳定和抖动，并通过6个案例讲解它们在实际工作中的应用。

第8课"抠像、跟踪和抖动综合实战案例"通过为一段视频更换天空，并为视频中的地点添加立体地标文字的综合实战案例，来巩固第5课~第7课的知识。

第9课"效果控件"讲解了11个影视制作过程中较为常用的效果控件，并通过16个案例分别对这11个效果控件进行应用。

第10课"3D特性"讲解了3D图层和摄像机的相关知识，并通过3D图层与实景合成练习、裸眼3D练习、灯光球LOGO动画练习和草原狩猎动画练习巩固知识点。

第11课"颜色校正与调整"从颜色的基础知识开始讲解，旨在解决颜色校正和颜色调整的相关问题，并通过色相、亮度和饱和度快速调节练习，简单校色练习，航拍半夜景城市校色练习和黑金城市调色练习，使读者认识到颜色的校正与调整在工作中的重要性。

第12课"《狂野非洲》预告片实战案例"讲解了如何使用前面学过的知识制作出商业级预告片。

第13课"渲染输出"讲解了视频输出的方法和规范。

第14课"《家的味道》片头实战案例"基于一个典型的商业实战案例，从拿到导演的需求及影片素材开始进行讲解，直至完成一个真实的片头项目，使读者可以综合运用本书学到的知识来练习。

本书特色

本书内容循序渐进，能够帮助读者完成从零基础入门到进阶的完整过程。此外，本书有完整的课程资源，在书中融入了大量的视频教学内容，图文并茂，理论与应用并重，使读者可以更好地理解、掌握与熟练运用After Effects。

二维码

本书在学习体验上进行了精心的设计。在学习一个案例前，会对案例的效果进行展示，读者通过扫描书中对应的二维码即可观看案例效果。

此外，完成一节内容的学习后，还可以通过扫描对应二维码，观看相应的教学视频回顾本节的学习内容。

案例

本书用于知识点巩固与应用的案例共43个。其中3个综合案例由于操作步骤较多，更适宜通过视频学习，其余案例均提供了详细的图文步骤，每个操作步骤均配有相应的图片。除第1课"After Effects的应用领域"与第2课"软件界面和基础操作"外，每课知识均配有案例；第8课"抠像、跟踪和抖动综合实战案例"与第12课"《狂野非洲》预告片实战案例"会应用到多课所介绍的知识，帮助读者达到巩固、复习的作用；第14课"《家的味道》片头实战案例"会涉及全书的知识，并对一个完整短片所有镜头的要点进行分析和讲解。

资源

本书包含大量资源，包括视频教程，案例素材、源文件、最终效果文件和讲义。视频教程与书中内容相辅相成、相互补充；讲义可以使读者快速梳理知识要点，也可以帮助教师制定课程教案。

作者简介

王云： Adobe专家委员会委员、Adobe授权官方影视后期专家讲师、Adobe授权官方创意设计专家讲师、Adobe资深ACCI讲师、Apple高清摄影后期剪辑师、达芬奇调色讲师、

Autodesk Maya动画讲师。

沈阔： Adobe专家委员会委员、Adobe授权官方影视后期专家讲师、北京水晶石数字科技股份有限公司天津影视中心多媒体后期总监、资深数字媒体影片导演。参与的作品及项目有北京奥运会宣传数字影片、上海世博会中国馆、铁道馆数字影片、铁三院60周年大庆纪念宣传片、万通中心展厅数字影片、中环股份宣传影片，以及融创中国"融誉生"招募宣传广告片等。

石家静： Adobe专家委员会委员、Adobe授权官方影视后期专家讲师、数字新媒体展览展示专家、北京水晶石数字科技股份有限公司天津影视中心项目总监。参与的作品及项目有美的罗兰翡丽地产广告片、于家堡全球购地下商业街三维动态长卷内容制作及硬件集成、泰达科技集团展厅互动系统及手机端制作等。

李旭： 拥有丰富的新闻传媒工作经验，并一直从事影视相关的教学工作。

读者收获

在学习完本书后，读者可以熟练地掌握After Effects的操作，还将对视频、动画和特效处理的技巧有更深入的理解。

本书在编写过程中难免存在错漏之处，希望广大读者批评指正。如果读者在阅读本书的过程中有任何建议，都可以发送电子邮件至 zhangtianyi@ptpress.com.cn 联系我们。

编者

2020 年 2 月

本书为各院校及培训机构的相关专业老师提供了本书讲解的课时建议，以便帮助老师们制订相关的课程计划。

课程名称	After Effects 基础入门课程			
教学目标	使学生掌握 After Effects 软件的使用，掌握影视制作中数字合成的基本概念和基本原理，掌握影视后期特效制作的基本技能；培养学生对影视片头、影视特效、影视动画等进行创作的综合能力，养成良好的影视后期编辑习惯			
总课时	64	总周数	8	

课 时 安 排

周次	建议课时	教学内容	案例
1	8	第 1 课 After Effects 的应用领域 第 2 课 软件界面和基础操作 第 3 课 图层、合成和项目 第 4 课 MG 动画	3
2	8	第 5 课 蒙版与遮罩 第 6 课 抠像	7
3	8	第 7 课 跟踪、稳定和抖动 第 8 课 抠像、跟踪和抖动综合实战案例	7
4	8	第 9 课 效果控件	16
5	8	第 10 课 3D 特性	4
6	8	第 11 课 颜色校正与调整	4
7	8	第 12 课《狂野非洲》预告片实战案例 第 13 课 渲染输出	1
8	8	第 14 课《家的味道》片头实战案例	1

本书导读

本书以课、节、知识点和案例对书中内容进行划分。

课 每课将讲解具体的功能或项目。

节 将每课的内容划分为几个任务模块。

知识点 将每节内容的理论基础分为多个知识点进行讲解。

案例 对每节的知识进行练习。

此外，本书还包括知识回顾模块——本课回顾、本节回顾，对一课或一节的知识进行回顾。

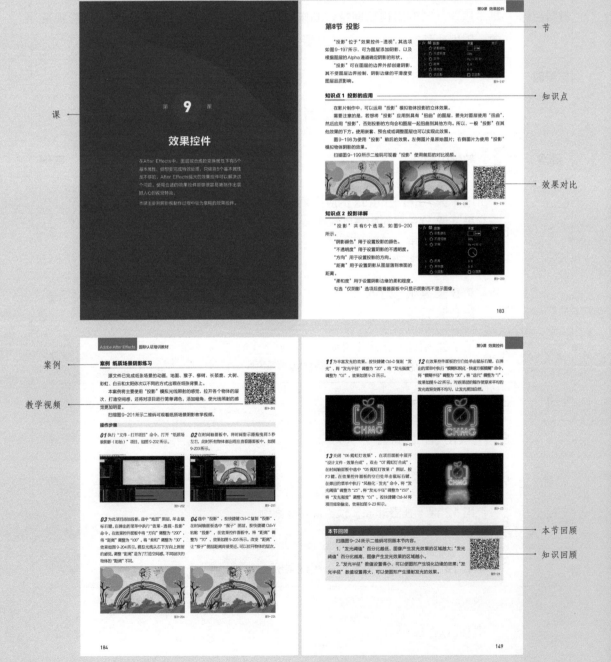

书中含有大量二维码，用于观看视频。视频类型可分为案例视频、效果视频、教学视频和知识回顾视频4种。

案例视频 第1课"After Effects的应用领域"展示了After Effects制作的不同类型动态的作品，通过视频可以更好地抓住不同类型作品的特点。

效果视频 使用After Effects处理作品前后的对比视频和完成效果视频。

教学视频 每个案例均配有视频教程。虽然本书的操作步骤很详细，但书中能够呈现的细节有限。使用书和视频配合学习，可以让读者获得更好的学习效果。

知识回顾 知识回顾模块都配有视频。在学完一节或一课的知识后，可以通过视频快速回顾本节或本课所学内容。

案例视频

资源获取

扫描售后服务群二维码，加入本书服务群，即可获取本书配套资源。

售后服务群二维码

目录

第 8 课 抠像、跟踪和抖动综合实战案例

第 9 课 效果控件

第 **1** 课

After Effects的应用领域

本课将讲解After Effects在不同领域中的应用，主要
包括影视、动画、建筑设计、UI设计和文旅及文创领
域。本课分为5节，对应After Effects在这5大领域
中的具体应用。

第1节 影视

在影视创作中，After Effects 可以用来实现动态分镜和后期合成。

知识点 1 动态分镜

在动态分镜头制作中，After Effects 可以将三维镜头元素和二维手绘镜头元素快速地合成为一个镜头，制作出影片的镜头运动和画面特效。各部门工作人员可以直观地将动画分镜中的各类元素进行展现，并配上相应的音乐、配音和音效，最终通过视觉与听觉的结合，以视频的形式完整地展现影片的镜头设定。

扫描图1-1所示二维码可观看动态分镜短片，感受其魅力。

图1-1

知识点 2 后期合成

在电影及电视剧、影视广告和商业宣传片中，After Effects 主要用于后期合成。

电影及电视剧

在电影、电视剧中，After Effects 可以用于制作影片中光效、粒子、烟雾等特效，将摄影棚拍摄的绿幕画面与背景进行抠像、合成，完成片头包装、校色调色、动态文字、跟踪及蒙版动画等制作。扫描图1-2所示二维码可观看影视后期特效合成短片，感受其魅力。

图1-2

影视广告

在影视广告中，After Effects可以制作光效、粒子等特效，完成片头包装、校色调色、动态文字等内容的制作。

扫描图1-3所示二维码可观看广告短片，感受其魅力。

图1-3

商业宣传片

在商业宣传片中，After Effects可用于制作光效、粒子等特效，将多种不同格式的素材与背景合成，完成片头包装、校色调色、动态文字、跟踪及蒙版动画等制作。

扫描图1-4所示二维码可观看短片，感受其魅力。

图1-4

本节回顾

在影视制作中，After Effects常用于将多种不同格式的素材与背景合成，将摄影棚拍摄的绿幕画面与背景进行抠像合成，将三维镜头元素和二维手绘镜头元素快速地合成为一个镜头，制作出影片的镜头运动和画面特效。After Effects还可以在影片中制作光效、粒子、烟雾等特效，实现片头包装、校色调色、动态文字、跟踪及蒙版动画等。扫描图1-5所示二维码可回顾本节内容。

图1-5

第2节 动画

After Effects 可以实现多种动画效果，如 MG 动画、各行业工作流程动画、产品功能演示动画和地产三维动画等。下面通过几种比较有代表性的动画类型讲解 After Effects 的用途。

知识点 1 MG 动画

在 MG 动画中，After Effects 可以制作二维人物的骨骼动画、图形变形动画、文字动画等不同画面元素的动画，还可以将多种不同格式的素材进行合成，并配上相应的音乐、配音和音效，最终输出完整的 MG 动画。

扫描图 1-6 所示二维码可观看动画短片，感受其魅力。

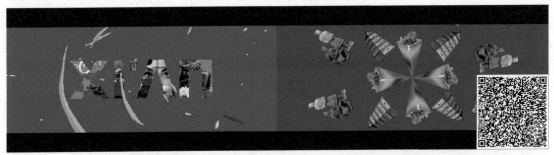

图1-6

知识点 2 各行业工作流程动画

各行业的工作流程动画都会用到 After Effects，如医疗、工程类的工作流程，都可以使用二维动画和三维动画相结合的方式来演示。After Effects 可以用来实现三维镜头校色、景深效果制作、文字动画处理。有的特殊镜头还会用 After Effects 添加光效、粒子等特效，并根据镜头需要，制作一些文字跟踪动画。

扫描图 1-7 所示二维码可观看工作流程动画，感受其魅力。

图1-7

知识点3 产品功能演示动画

在产品功能演示动画中，After Effects主要用来实现片头包装制作、三维镜头校色、文字动画处理和特效添加等。

扫描图1-8所示二维码可观看产品功能演示动画，感受其魅力。

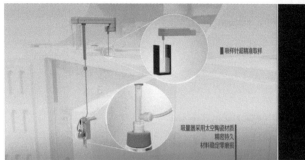

图1-8

知识点4 地产三维动画

地产三维动画是当前地产行业比较主流的展示形式，其后期动画制作可以在After Effects中完成。地产三维动画的屏幕有不同的形式，如矩形屏幕、L形屏幕。

扫描图1-9所示二维码可观看矩形屏幕地产三维动画，扫描图1-10所示二维码可观看L形屏幕地产三维动画。

图1-9　　　　　　　　　　　　　　　　　　　　图1-10

本节回顾

本节归纳了应用After Effects制作的4类动画——MG动画、各行业工作流程动画、产品功能演示动画和地产三维动画，讲解了After Effects的用途。扫描图1-11所示二维码可回顾本节内容。

图1-11

第3节 建筑设计

建筑设计师可借助After Effects展示自己的设计理念。在建筑设计视频短片中，After Effects可以用来实现三维镜头校色、景深效果制作、文字动画处理，添加光效、粒子等特效，并根据镜头需要制作一些文字跟踪动画。

扫描图1-12所示二维码可观看建筑设计短片，感受其魅力。

图1-12

本节回顾

本节讲解了After Effects在建筑设计领域的应用——展示建筑的设计理念。After Effects可以用于快速调整视频色调，制作多种镜头切换。扫描图1-13所示二维码可回顾本节内容。

图1-13

第4节 UI设计

在UI设计中，After Effects可以用来将设计师设计的图形、图标、界面等视觉元素与产品相结合，制作动态的应用场景短片。通过短片能够让人更直观地感受设计成果的真实应用，再配上合适的镜头及音乐，让设计作品更有视觉冲击力。

扫描图1-14所示二维码可观看UI设计展示短片，感受其魅力。

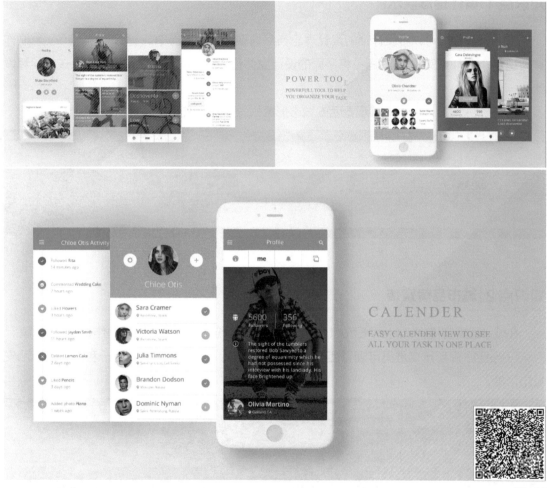

图1-14

本节回顾

本节讲解了After Effects在UI领域的应用。扫描图1-15所示二维码可回顾本节内容。

图1-15

第5节 文旅及文创领域

After Effects可用于文旅及文创领域的设计理念展示、城市品牌宣传、文化旅游项目展示、绘画艺术的动态演绎和裸眼3D投影等。这里通过几种较有代表性的案例讲解After Effects的用途。

知识点 1 设计理念展示

After Effects可以将设计师的设计理念自然地融合到短片当中。使用After Effects制作具有视觉冲击力的3D图层动画，将平面的设计立体化，对不同的视觉元素进行合成，诠释设计理念。

扫描图1-16所示二维码可观看西安城市形象概念短片，感受其魅力。

图1-16

知识点 2 城市品牌宣传

在城市品牌宣传中，After Effects可以制作光效、粒子等特效，以及制作3D图层动画。

扫描图1-17所示二维码可观看西安城市形象概念短片。这里使用了另一种风格展示西安城市形象。

图1-17

知识点 3 文化旅游项目展示

After Effects可以用于制作文化旅游项目中的水幕电影、数字舞台和新媒体互动城市展示等。下面将通过3个短片分别展示After Effects在这3种文旅项目中的具体应用。

水幕电影

在水幕电影中，利用After Effects，可以制作光效、粒子等特效，将多种不同格式的素材进行合成，并制作片头包装、校色调色、动态文字、蒙版动画等。

扫描图1-18所示二维码可观看"投影舞台"短片，感受其魅力。

图1-18

数字舞台

在数字舞台技术中，After Effects可以用于制作光效、粒子等特效，也可以将多种不同格式的素材合成，配合演员表演，完成舞台背景动态效果的处理。

扫描图1-19所示二维码可观看"数字舞台技术"短片，感受其魅力。

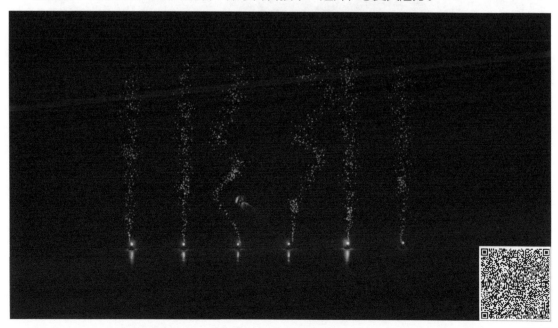

图1-19

新媒体互动城市

在新媒体互动城市展示中，After Effects 可以将不同的画面元素合成，并完成校色、调色，以及动态文字、跟踪及蒙版动画等的制作，实现画面创意。

扫描图1-20所示二维码可观看"新媒体互动城市"短片，感受其魅力。

图1-20

知识点 4 绘画艺术的动态演绎

在绘画艺术的动态演绎中，After Effects 可以用于制作变形动画，还可以对三维软件制作的三维元素进行校色并合成到画面中，以符合绘画的风格和画面效果。

扫描图1-21所示二维码可观看"数字长卷"动态演绎短片。

扫描图1-22所示二维码可观看"梵高《星空》"动态演绎短片。

扫描图1-23所示二维码可观看"世界名画投影重塑"动态演绎短片。

图1-21

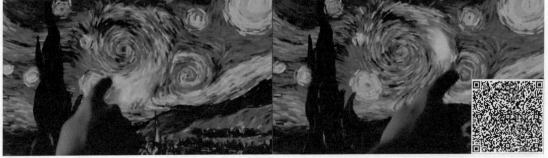

图1-22

图1-23

知识点 5 裸眼 3D 投影

在裸眼3D投影中，After Effects可以用来将建筑和投影影像相结合，制作光效、粒子、烟雾等特效，将摄影棚拍摄的绿幕画面与背景进行抠像、合成，并可以完成校色、调色，以及动态文字、跟踪及蒙版动画等制作。

扫描图1-24所示二维码可观看"裸眼3D汽车投影"短片。

扫描图1-25所示二维码可观看"建筑投影"短片。

扫描图1-26所示二维码可观看"裸眼3D前台"短片。

图1-24

图1-25

图1-26

本节回顾

    本节展示了文旅及文创领域中设计理念展示、城市品牌宣传、文化旅游项目展示、绘画艺术的动态演绎和裸眼3D投影5大类项目短片的案例，讲解了After Effects在文旅、文创领域的用途。

    扫描图1-27所示二维码可回顾本节内容。

图1-27

第 **2** 课

软件界面和基础操作

学习一款软件，通常都是从认识软件的界面开始。本课将讲解After Effects的软件界面知识，包括主要面板功能、常用工具、基本操作，以及软件性能的优化。

第1节 After Effects界面介绍

After Effects的主窗口被称为应用程序窗口，在这个窗口内的区域，被称为工作区。工作区默认包含多组面板，如图2-1所示。

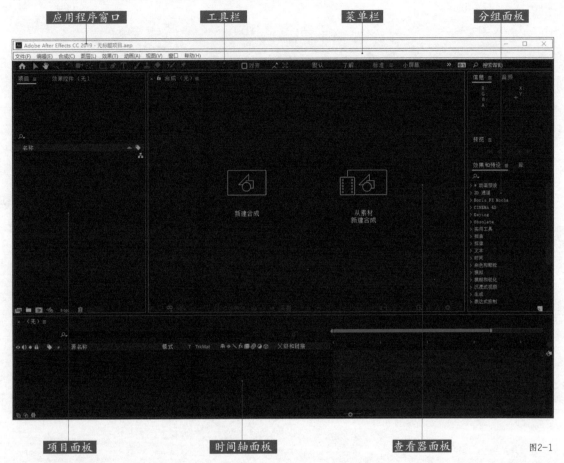

图2-1

应用程序窗口可以显示当前项目的基本信息。

菜单栏可以显示文件、编辑、合成及其他菜单。在这里可以使用多种命令，调整各类参数，以及调出各种面板。

工具栏位于菜单栏下方，界面左上方，包含在合成中用于添加元素和编辑元素的各类工具。相似的工具组合在一起，单击并按住工具栏中的工具即可访问组内的相关工具。

分组面板可以显示信息、音频，预览界面信息和特效预设面板等。

项目面板位于界面左上角，工具栏下方，可在After Effects项目中导入、搜索和整理素材。在项目面板底部可以创建新文件夹、合成，以及更改项目及设置。

时间轴面板位于界面底部，用于显示当前已载入的合成及图层以及时间轨迹。

查看器面板位于界面中间，是显示各元素的视区。此处会根据不同的情况出现不同的面板，如打开合成文件后为合成面板，双击进入图层后为图层面板等。在本书中不做明确区分，统一称为查看器面板。

第2节 工作区

After Effects提供可自定义的工作区。每个应用程序的工作区都有属于自己的一组面板。使用者可以在应用程序中以相同方式移动面板并对其进行分组，如将面板拖曳到新的位置、拖进或脱离一个组，自定义适应自己的工作风格。

知识点 1 自定义工作区

拖曳面板时，可放置区域如图2-2所示，暗紫色部分所在位置决定面板的插入方式。暗紫色部分一般位于上面、下面、左面、右面和中间5个位置。位于中间时，被拖曳的面板将与放置区域的面板形成面板组；位于其他位置时，被拖曳的面板会出现在可放置区域的对应方位，与可放置区域的面板呈并列关系。

面板的大小可以调整，在面板边缘处按住鼠标左键拖曳，以调整为适合窗口的尺寸。

图2-2

所有的面板都可以在菜单栏的"窗口"菜单下找到，命令前打勾的，会出现在界面中。若需要的面板未在界面中出现，可以在"窗口"菜单下找到该面板，单击即可调出面板。

自定义工作区后，执行"窗口-工作区-保存对工作区所做的更改"命令，或执行"窗口-工作区-另存为新工作区..."命令，存储自定义的工作区。

知识点 2 重置工作区

After Effects提供了几种不同形式的工作区，执行"窗口-工作区"命令可选择其中任意形式的工作区，如图2-3所示。

在长期工作时，无意间会把面板胡乱放置，此时执行"窗口-工作区-将'XX'重置为已保存的布局"命令，界面即可恢复到原来的样子。"XX"可以是"窗口-工作区"命令下任意形式的工作区，包括存储的自定义工作区。

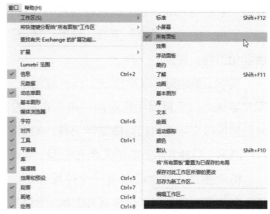

图2-3

第3节 工具栏

工具栏包含用于在合成中添加元素和编辑元素的各类工具，如图2-4所示。工具的选中状态显示为蓝色。相似的工具组合在一起，在工具图标上单击并按住鼠标左键即可访问组内的相关工具。

图2-4

主页工具🏠可以完成在项目和主页面板之间的导航。

选取工具▶可以对工作区内的素材进行选择等操作。

手形工具✋可以在查看器面板中整体移动画面。

缩放工具🔍可以放大或缩小指定区域。

旋转工具↻可以对指定的素材进行旋转操作。

摄像机工具组📹可以使用摄像机图层从任何角度和距离查看3D图层。就像在现实场景中移动摄像机比移动场景本身容易一样，在合成中创建摄像机图层，调整摄像机，可以更容易地获得合成的不同视图。此工具组包含统一摄像机工具、轨道摄像机工具、跟踪xy摄像机工具和跟踪z摄像机工具，如图2-5所示。

图2-5

向后平移（锚点）工具◼可以显示并移动素材的锚点及中心点。书中统称锚点工具。

图形工具组◼可以创建相应的图层，此工具组包含矩形工具、圆角矩形工具、椭圆工具、多边形工具和星形工具，如图2-6所示。

图2-6

钢笔工具组✒可以通过添加锚点的方式创建图形、蒙版及蒙版羽化等。此工具组包含钢笔工具、添加"顶点"工具、删除"顶点"工具、转换"顶点"工具和蒙版羽化工具，如图2-7所示。

文字工具组T可以直接在工作区域创建文字框来实现文字输入。工具组中包含两种排列方式的文字工具，分别是横排文字工具和直排文字工具，如图2-8所示。

画笔工具🖌借助当前前景色在图层上绘画。

仿制图章工具▣可以从一个位置和时间复制像素值，并将其应用于另一个位置和时间。例如，可以从源素材的一棵草造出一片草原。

橡皮擦工具◼会创建可以修改和动画显示的橡皮擦

图2-7

图2-8

描边。在"仅最后描边"模式中使用橡皮擦工具只影响绘制的最后一个绘画描边，而不会创建橡皮擦描边。

Roto笔刷工具可以创建初始遮罩并将物体从其背景中分离；调整边缘工具可创建包含精细细节的部分透明边缘（如毛发）以改善现有的遮罩效果。这两个工具属于一个工具组，如图2-9所示。

图2-9

人偶工具组可根据放置和移动的控点位置来使图像的某些部分变形。这些控点定义应该移动图像的哪些部分，应该保留哪些部分不变，以及当各个部分重叠时，哪些部分应该位于前面。此工具组包含人偶位置控点工具、人偶固化控点工具、人偶弯曲控点工具、人偶高级控点工具和人偶重叠控点工具，如图2-10所示。

图2-10

第4节 时间轴面板

时间轴面板用于显示已载入当前合成的图层及时间轨迹。其中，左侧显示图层，右侧为时间轨，如图2-11所示。

图2-11

可以通过拖曳时间 0:00:08:01 进行定位，也可通过手动输入数值跳到指定帧数。时间指示器与其同步。时间的两种显示方式如图2-12所示，按住Ctrl键在时间上单击即可切换。

图2-12

合成微型流程图用于显示或隐藏当前合成的微型流程图。

草图3D用于显示或隐藏合成中的灯光、阴影和摄像机等效果。

用于隐藏或显示设置消隐开关的全部图层。

对设置了"帧混合"开关的所有图层开启或关闭帧混合。

为设置了"动态模糊"开关的所有图层启用或关闭动态模糊。

图表编辑器可以使时间轨迹部分变为图表状态。

消隐可以在时间轴面板中隐藏或显示指定图层。

帧混合主要是用于素材速率的缩放。例如1秒的视频被延长至2秒，这时可能会出现卡顿。这个时候打开帧混合，即使运动得很慢，画面也会很流畅。

第5节 打开、创建及保存项目

启动 After Effects 后，首先会看到主页面板，它包含一列此前已打开的项目，如图 2-13 所示。

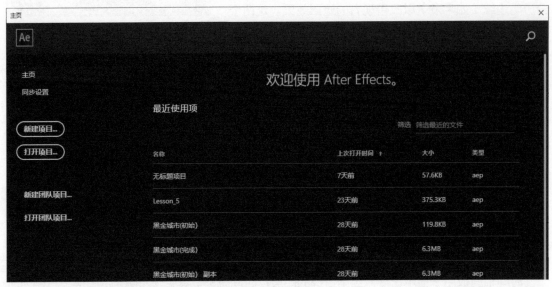

图2-13

单击主页面板上的"新建项目…"按钮创建新项目，或单击"打开项目…"按钮打开项目文件，注意，一次只能打开一个项目。如果某个项目处于打开状态，想要创建项目，执行"文件-新建-新建项目"命令；想要打开项目，执行"文件-打开项目"命令，在弹出的"打开"对话框中找到想要打开的项目，然后单击"打开"按钮。在创建项目之后，可以向该项目中导入素材。

如果某个项目已经打开且对其进行过操作，执行创建或打开其他项目文件的命令时，After Effects 会提示是否保存已经打开的项目，如图 2-14 所示。

图2-14

执行"编辑-首选项-自动保存"命令可设置自动保存功能的各个选项。

第6节 After Effects 性能优化

After Effects 的渲染需要大量内存和硬盘存储空间，After Effects 及计算机的配置决定了 After Effects 的渲染速度。

以下操作可以优化 After Effects 性能：退出不需要使用的应用程序；停止其他应用程序中占用大量资源的操作；在较快的本地磁盘驱动器上保存项目的源素材文件；将磁盘缓存文件夹分配到一个单独的快速磁盘。

知识点 1 软件重置

软件重置一般用于以下两种情况：在软件使用过程中，出现卡顿或非正常运行状态；在软件使用很长一段时间以后，将软件的应用恢复为默认状态。

遇到软件卡顿等情况，很多人会将软件卸载并重新安装，其实只需要重置软件即可。软件重置的方法是：在After Effects CC 2019处于关闭状态时，打开"此电脑-文档-Adobe"文件夹，找到并删除"After Effects CC 2019"文件夹，如图2-15所示。

图2-15

知识点 2 媒体和磁盘缓存

执行"编辑-首选项-媒体和磁盘缓存"命令，对媒体和磁盘缓存相关选项进行设置，如图2-16所示。

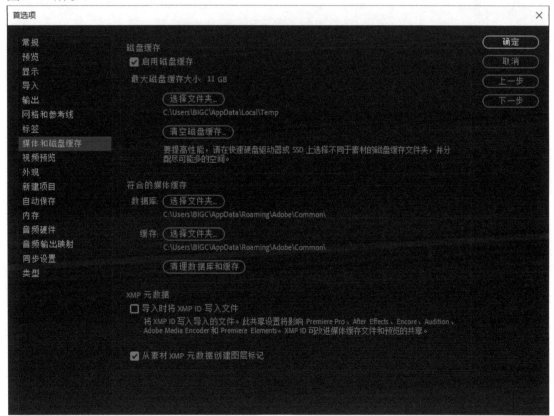

图2-16

要提高性能，可以设置"最大磁盘缓存大小"，在快速硬盘驱动器或固态硬盘（SSD）上选择不同于素材的磁盘缓存文件夹，并分配尽可能多的空间；也可以在这里设置"符合的媒体缓存"，通过清理磁盘缓存和数据库缓存来优化渲染环境。

知识点 3 内存

执行"编辑-首选项-内存"命令，对内存相关选项进行设置，如图2-17所示。调整内存面板里的"为其他应用程序保留的RAM"的数值来优化渲染环境。

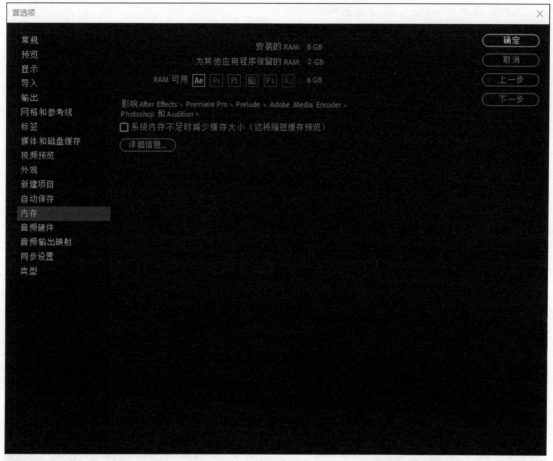

图2-17

本课回顾

扫描图2-18所示二维码可回顾本课内容。

本课讲解了After Effects的软件界面，自定义工作区、工具栏、时间轴面板的基础知识，如何打开、创建和保存项目，以及如何优化After Effects的性能。

图2-18

第 **3** 课

图层、合成和项目

图层、合成和项目是After Effects使用频繁的3个功能。一个AEP文件就是一个项目，所有导入的素材以及创建的合成都可以在这里看到；一个项目可以包含多个合成，一个合成可以包含多个图层；素材拖入到合成的时间轴面板中就生成了图层。

本课将对图层、合成和项目这3个功能进行详细讲解。

第1节 导入文件

导入文件是After Effects工作的第一步，这个步骤非常重要。向After Effects导入不同类型的文件，有着不同的要求及方法。After Effects对各类文件的支持有着其独立的规范及要求，从文件格式规范到颜色模式等方面都有别于其他Adobe软件。本节将讲解After Effects支持导入的文件类型，以及如何将不同类型的文件导入软件。

知识点 1 支持的格式

下面将讲解After Effects支持导入的常用文件格式。

支持的音频格式

After Effects支持的常用音频格式包括以下6种。

（1）Adobe Sound Document是由Adobe音频软件所制作的文件。

（2）AAC和M4A是高级音频编码格式。AAC是音频有损压缩技术。M4A是MPEG-4音频标准的文件的扩展名，大多数支持MPEG-4音频的软件都支持".m4a"。

（3）AIF/AIFF是音频交换文件格式，是Apple公司开发的声音文件格式，被macOS平台及其应用程序所支持。

（4）MP3是最常见的音频格式，对音频有一定的压缩。

（5）AVI是音频视频交错格式（可以将视频和音频交织在一起同步播放），是Windows平台所支持的音频格式，可以单独记录音频。

（6）WAV为微软公司开发的声音文件格式，被Windows平台及其应用程序所广泛支持。

静止图像格式

After Effects支持的常用静止图像格式包括以下13种。

（1）AI（.ai）是由Adobe Illustrator创建的矢量图形文件。

（2）PDF既支持矢量文件，也支持位图文件。

（3）PSD（.psd）是Adobe Photoshop的工程文件。After Effects支持AI格式和PSD格式中的分层模式。

（4）BMP是Windows操作系统中的标准图像文件格式。

（5）Raw是由不同品牌相机导出的照片源文件格式。不同相机对格式的命名不同，如DCR、RAW、CR2等。

（6）EPS是分层的矢量图像格式。

（7）GIF常在视频和动画格式中看到，这里指的是单张的图像格式，也就是一个画面。

（8）JPEG是常见的图像格式，支持12级别的压缩比对图像进行压缩处理。

（9）Maya的MA格式输出节点多、文件大，能兼容Maya各种版本的摄像机数据。

（10）Maya的IFF格式是Maya摄像机的数据储存格式。

（11）PNG是一种无损且高效的静态图像格式，支持透明效果。

（12）Targa是经常被用于图片序列的格式。

（13）TIFF是图像的无损压缩格式。

支持的视频格式

After Effects支持的常用视频格式包括以下9种。

（1）GIF是作为一种公用标准而设计的格式，许多平台都支持GIF格式。

（2）Avid DNxHR是由Avid公司开发的高清视频编码格式。

（3）MPEG4格式是为播放流式媒体的高质量视频而专门设计的，能保存高质量的小体积视频文件。

（4）ARRI RAW、RED R3D、CinemaDNG、XDCAM HD 和 XDCAM EX是由不同品牌相机拍摄的视频格式。

（5）FLV/F4V格式的文件极小、加载速度极快，使得网络观看视频文件成为可能。

（6）QuickTime是Apple平台下的一种编码格式。

（7）AVI格式对视频文件采用了有损压缩方式，压缩比较高，画面质量不太好，但其应用范围非常广泛。

（8）ASF是微软Windows Media的核心，是一种包含音频、视频、图像以及控制命令脚本的数据格式。

（9）SWF是动画设计软件Flash的专用动画文件格式，支持矢量和点阵图形，被广泛应用于网页设计、动画制作等领域，也被称为Flash文件。

> **提示** After Effects软件不支持CMYK颜色模式下的图片，颜色模式的转换可通过Photoshop、Illustrator等软件来完成。

知识点 2 导入文件的方法

大多数文件可以通过直接拖入的方式导入After Effects。

在After Effects中执行"文件-导入"命令或在项目面板空白处双击，在弹出的"导入文件"对话框中导入不同类型的文件。

导入音频、视频

选择所需导入的音频、视频文件，单击"导入"按钮即可导入，如图3-1所示。

图3-1

导入单张图片

选择所需导入的图片文件，以素材形式导入，如图3-2所示。

导入图片序列

选择所需导入的图片文件，勾选"ImporterJPEG序列"选项，可导入图片序列文件，如图3-3所示。导入图片序列时需要注意，在文件导入前，先完成文件的命名工作。在中文名或英文名相同的前提下，保证命名的数字是连续的。如果出现命名有误或数字缺失，可选择"强制按字母顺序排列"选项。

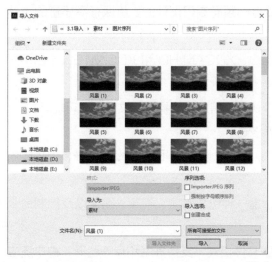

图3-2

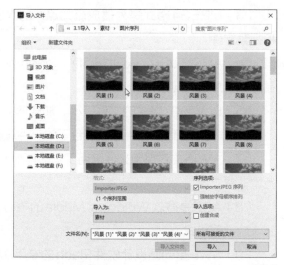

图3-3

导入PSD位图文件

选择所需导入的PSD文件，以素材或合成形式导入，如图3-4所示。

以素材形式导入可以选择PSD文件中某一个或多个图层导入，导入的尺寸可以选择根据"图层大小"或"文档大小"导入，如图3-5所示。

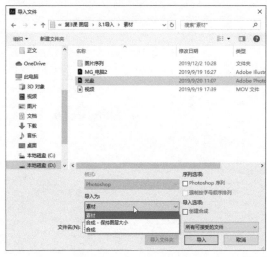

图3-4

图3-5

以合成形式导入，可以通过PSD文件直接生成合成文件，也就是工程文件。要注意的是，以此方式直接生成的工程文件尺寸由PSD源文件决定，在"合成设置"对话框中可以修改文件尺寸。同时，以合成形式导入的PSD文件，源文件中的"组"在导入后会直接生成为单一合成，如图3-6所示。

导入AI矢量文件

选择所需导入的AI文件，以素材或合成形式导入，如图3-7所示。

以素材形式导入，可以选择AI文件中某一个或多个图层进行导入，导入的尺寸可以选择根据"图层大小"或者"文档大小"导入。

以合成形式导入可以通过AI文件直接生成合成文件，也就是工程文件。要注意的是，以此方式直接生成的工程文件尺寸由AI源文件决定，在"合成设置"对话框中可以修改文件尺寸。

导入AI文件，需要先在Adobe Illustrator中整理好图层。一个图层只能包含一个子级图层，若一个图层中含有多个子级图层，那么在导入After Effects后将合并成一个形状图层，这会给单个图层的编辑造成很大的麻烦。

图3-6

图3-7

本节回顾

扫描图3-8所示二维码可回顾本节内容。

本节讲解了After Effects支持的格式以及导入不同文件的方法。

图3-8

第2节 图层、合成和项目的关系

　　一个AEP文件（After Effects的工程文件）就是一个项目，它就像一个文件夹，所有导入After Effects的素材以及创建的合成都可以在这里看到，如图3-9所示。

光盘

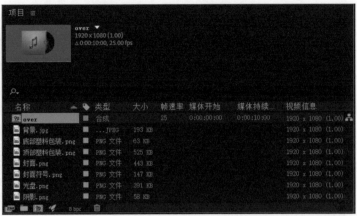

图3-9

　　如果说项目是一栋楼，那么合成就是建筑这栋楼的标准，也就是说合成将决定项目的标准。那么，什么是标准呢？鼠标右键单击项目中已有的合成文件，执行弹出菜单中的"合成设置"命令，可以看到当前项目的分辨率、帧速率，以及其他设置，这就是这个项目的标准，如图3-10所示。对于项目中新建的合成，在"合成设置"对话框中进行设置就是为项目制定标准。

　　从另外一个角度来说，合成可以被认为是一个个的组，每个组中包含一个个的图层，如图3-11所示。

　　创建一个合成后就会出现合成的时间轴面板，图层将在合成的时间轴面板中创建出来。

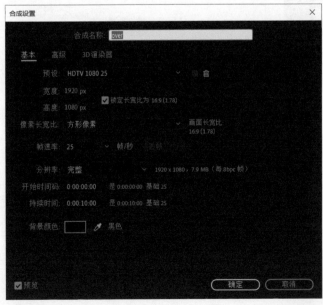

图3-10

图3-11

图层就像是构成一栋楼的建筑材料，也就是说，图层是组成项目视觉效果的所有元素，如图3-12所示。

图层会有很多种类型，如图片、文字和声音等，每个图层还具有不同的属性，包括几个基本属性以及添加不同效果后获得的附加属性。

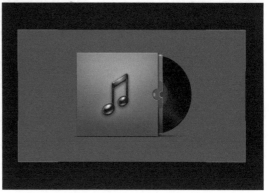

图3-12

知识点 1 项目

当一个项目处于打开状态，又需要重新开启一个项目的话，不必关闭软件，执行"文件－新建－新建项目"命令即可新建一个项目。

打开一个新建完成的工程项目，在项目面板右侧的下拉菜单中可以将项目面板关闭或以浮动面板的方式呈现，如图3-13所示。如果不小心关闭了项目面板，执行"窗口－项目"命令即可重新打开项目面板。

图3-13

在项目面板右侧的下拉菜单中可以查看面板组设置以及列数设置。所谓列数，就是将项目面板横向展开时展示的明细列表，如图3-14所示。

图3-14

明细列表的显示与隐藏可以在"列数"中设置，如图3-15所示。

除此以外，在项目面板右侧的下拉菜单中还可以重置整个项目的基础设置，如针对计算机是否要添加GPU加速的设置、对于时间显示功能的设置、对于颜色的设置、对于音频采样率的设置，以及对于表达式的设置，如图3-16所示。

图3-15

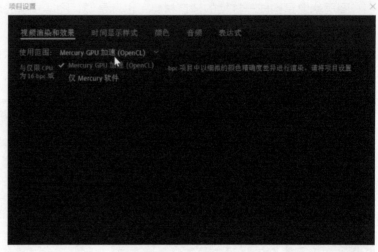

图3-16

知识点 2 合成

执行"合成-新建合成"命令、按快捷键Ctrl+N或在项目面板中单击"新建合成"按钮，弹出"合成设置"对话框，在其中完成设置后单击"确定"按钮，创建合成。下面讲解几种根据素材创建合成的方法。

根据单个素材项目创建合成

在项目面板中选中某个素材项目，将其拖曳到位于项目面板底部的"新建合成"按钮上或执行"文件-基于所选项新建合成"命令，即可根据单个素材项目创建合成，此时帧大小（宽度和高度）和像素长宽比会自动与素材项目特性相匹配。

根据多个素材项目创建单个合成

在项目面板中选中多个素材项目，将选中的素材项目拖曳到位于项目面板底部的"新建合成"按钮上，或执行"文件-基于所选项新建合成"命令，弹出"基于所选项新建合成"对话框，在其中选择"单个合成"并对其他选项进行设置，如图3-17所示。

"使用尺寸来自"可以选择新建合成的尺寸来自于哪个素材项目。"静止持续时间"设置的是添加的静止图像的持续时间。"添加到渲染队列"可以将新合成添加到渲染队列中。"序列图层"可以按顺序排列图层。选中"序列图层-重叠"选项后可以对"持续时间"及"过渡"进行设置。

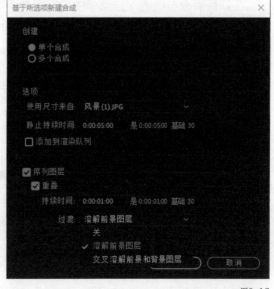

图3-17

根据多个素材项目创建多个合成

在项目面板中选中多个素材项目，将选中的素材项目拖曳到位于项目面板底部的"新建合成"按钮上，或执行"文件－基于所选项新建合成"命令，弹出"基于所选项新建合成"对话框，在其中选择"多个合成"并对其他选项进行设置。

知识点 3 图层

一般将After Effects中的图层分为以下几类。

素材图层，是基于导入的素材文件而形成的图层，如视频图层和音频图层等。同一个素材项目可以作为多个图层的源，并可以以不同的方式使用。

功能图层，用来执行一些特殊的功能，如摄像机图层、光照图层、调整图层和空对象图层。

纯色图层，是在After Effects内创建的纯色素材图层。

合成图层，是未基于素材项目的图层，无法在图层面板中打开，如形状图层和文本图层。合成图层转换为预合成图层后可在图层面板中打开。

预合成图层，是基于合成而形成的图层。在修改预合成图层时，不会影响其源合成。

除明确链接的图层外，对一个图层所做的更改不会影响其他图层。

素材图层，可以通过将项目面板中的素材拖曳到合成的时间轴面板中创建，其余的大多数常用图层可以通过在时间轴面板的空白处单击鼠标右键，在弹出菜单中创建，如图3-18所示。

图3-18

本节回顾

扫描图3-19所示二维码可回顾本节内容。

本节讲解了After Effects图层、合成和项目的关系，以及相关的基础知识。

图3-19

第3节 合成与图层

在After Effects中，图层与合成是最基础的存在，没有合成就无法对素材进行特效处理。在制作画面特效合成时，图层是直接操作对象。将图层添加到合成后，在合成面板中可以调整图层的位置等；在时间轴面板中，可以更改图层的堆叠顺序、持续时间、开始时间，以及图层的所有属性。

本节将讲解图层与合成的基本操作，这些知识是使用After Effects需要掌握的基础内容。

提示 一些操作须在合成面板或图层面板中执行，如绘制蒙版；一些操作必须在图层面板中执行，如跟踪运动和使用绘画工具。

本书中未对合成面板与图层面板进行明确区分，统称为查看器面板。这里简单介绍一下：图层面板仅显示应用变换之前的图层，如图层面板不显示修改"缩放"属性后的结果；而合成面板可以显示包含在该合成中图层的变换结果及上下关系等。

知识点 1 合成的时间轴面板

在第2课中对时间轴中的一些按钮已经进行了讲解，下面将讲解其余的按钮，这些按钮在时间轴面板中的位置如图3-20所示。

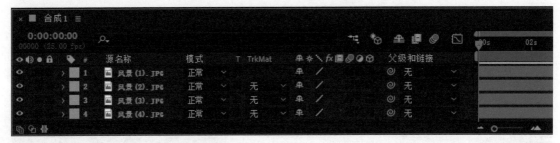

图3-20

眼睛 用于启用或禁用图层视觉效果。

独奏 为制作动画、预览或最终输出隔离一个或多个图层。独奏可将设置独奏外的其他所有图层排除在渲染之外，这也适用于查看器面板中的预览和最终输出。

锁定 可用于防止意外编辑图层。当图层已锁定时，"锁定"按钮默认显示在时间轴面板中图层名称的左侧。此时，无法在查看器面板或时间轴面板中选中它。如果尝试选择或修改已锁定图层，则该图层会在时间轴面板中闪动。要锁定或解锁图层，在时间轴面板中单击该图层的"锁定"按钮即可；要解锁合成中的所有图层，执行"图层-开关-解锁所有图层"命令即可。

3D图层 可以将图层转换为3D图层。将图层转换为3D图层后，该图层仍是平面的，但将获得附加属性，包括"位置（z）""锚点（z）""缩放（z）""方向""X旋转""Y旋转""Z旋转"以及"材质选项"属性。其中"材质选项"属性指定图层与光照和阴影交互的方式。

　　父级关联器⊙可以为两个图层创建父子关系，子级图层可以跟随父级图层发生相应的变化，此功能在MG动画中经常用到。

　　标签⚫可以为合成和图层标记不同的颜色标签，单击图层名称前的颜色方块更改图层标签颜色。如果在时间轴面板中同时选中几个图层，单击任何已选定图层左侧的颜色方块，可更改所有已选定图层的标签颜色。通过图层的标签颜色，可更直观形象地对图层进行分组。执行"编辑–首选项–标签"命令，在弹出的对话框中可更改颜色标签的设置，如图3-21所示。

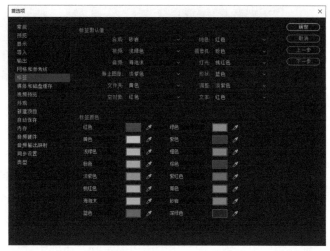

图3-21

　　运动模糊⚫可以对图层施加运动模糊。使用运动模糊时，物体的速度设置相当关键，当达到一定速度时，模糊效果最明显。运动模糊的使用比较耗系统内存，会导致渲染速度比较慢。

　　混合模式可以控制每个图层与它下面图层的混合或交互，与Photoshop中的混合模式类似。若在时间轴面板中未找到混合模式，要检查面板左下角3个按钮的状态。

　　3个按钮均未打开时，时间轴面板如图3-22所示。第1个按钮⊞可以展开或折叠"图层开关"窗格，只打开此按钮时，时间轴面板如图3-23所示；第2个按钮⊞可以展开或折叠"转化控制"窗格，只打开此按钮时，时间轴面板如图3-24所示；第3个按钮⊞可以展开或折叠"入点/出点/持续时间/伸缩"窗格，只打开此按钮时，时间轴面板如图3-25所示。

图3-22

图3-23

图3-24

图3-25

知识点 2 图层的选择

　　如果要选择时间轴面板中连续排列的多个图层，首先需选中顶部图层，按住Shift键，然后选中底部图层即可。该操作选中了两端的图层，中间的所有图层就会自动被选中，如图3-26所示。如果要选择时间轴面板中非连续排列的多个图层，首先需选中一个图层，然后按住Ctrl键，同时选择其他所需的图层即可。执行该操作可略过时间轴面板中无关的图层，而选择非连续排列的多个图层，如图3-27所示。

图3-26　　　　　　　　　　　　　　　　　　　　　　　　　　　　　　图3-27

知识点3　父子关系

如果要将某个图层的变换属性分配给其他图层，来同步对图层所做的更改，可以使用父子级关系。在一个图层成为另一个图层的父级之后，另一个图层就变为了子级图层。

在形成父子级关系后，如果父级图层属性改变，那么子级图层属性也有相同的改变。图层只能具有一个父级，但一个图层可以是同一合成中任意数量图层的父级。

如果要为某个图层分配父级，可将其父级关联器拖曳到另一个图层，如图3-28所示，或在其"父级和链接"下拉框中选择父级图层，如图3-29所示。

图3-28

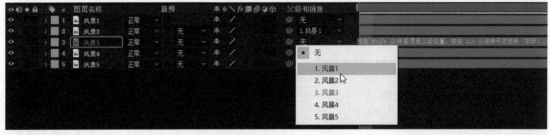

图3-29

如果要删除父子级关系，可在子级图层的"父级和链接"下拉框中选择"无"，或按住Ctrl键并单击子级图层的父级关联器。

如果要选择父级图层及其所有子级图层，可在父级图层上单击鼠标右键，在弹出的菜单中执行"选择子项"命令，如图3-30所示。

图3-30

知识点 4 空对象

空对象是具有可见图层所有属性的不可见图层，如图3-31所示。空对象在查看器面板中显示为具有图层手柄的矩形轮廓，如图3-32所示。空对象图层与其他图层一样可以进行调整、制作动画等，且一个合成可以包含任意数量的空对象图层。

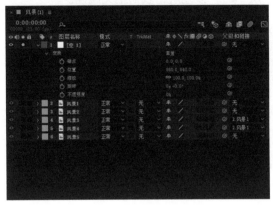

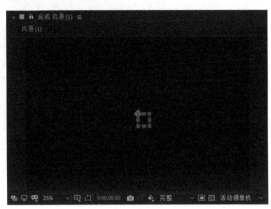

图3-31

图3-32

在合成中经常需要对很多图层进行相同的操作，此时可将空对象图层作为父级图层，把需要进行相同操作的图层链接到空对象图层。这样，只要调整空对象图层，即可实现多个图层的同步变换，以此提高制作动画的效率。

首先，在合成中新建空对象图层。在时间轴面板或查看器面板中的空白处单击鼠标右键，执行"图层-新建-空对象"命令。然后在时间轴面板中选择要控制的所有图层，在任意所选图层的"父级和链接"下拉框中选择空对象图层，将这些图层链接至空对象图层，如图3-33所示。此时，对空对象进行动画渲染，可实现对所有与该空对象链接的图层动画的渲染。

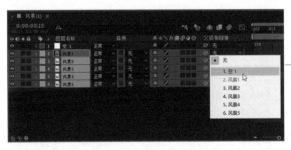

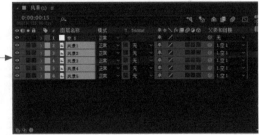

图3-33

本节回顾

扫描图3-34所示二维码可回顾本节内容。

图3-34

第4节 合成中图层的属性

每个图层都具有属性，通过修改图层属性为其添加动画设置。每个图层都具有"变换"属性组，大部分图层的"变换"属性组中包括"锚点""位置""缩放""旋转"和"不透明度"，如图3-35所示。在将某些功能、效果等添加到图层中时，该图层将获得相关属性。

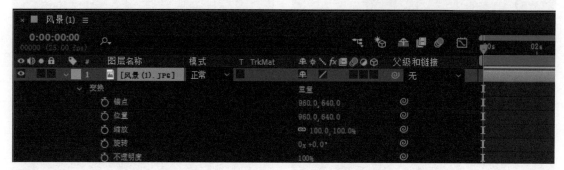

图3-35

知识点 1 基本属性

大多数属性具有码表，可以为具有码表的属性制作属性动画，也就是随着时间的推移对这些属性进行更改。

约束比例图标在图3-35的"缩放"后出现，此时可等比例缩放图层。若没有出现约束比例图标，则可以单独调整图层横向和纵向的缩放比例。

锚点属性是该图层锚点在该图层中的坐标。位置属性和旋转属性等都是基于锚点属性变化的。如将某个图层的"旋转"调整为"30"，那么这个图层将以其锚点为轴心顺时针旋转30°，如图3-36所示。

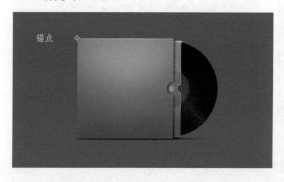
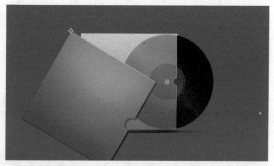

图3-36

位置属性是该图层在画布中的坐标。更改图层的位置属性，可以使其在不同时间节点放置的位置不同，从而实现图层移动的效果。

缩放属性可以围绕图层的锚点执行图层的缩放。一些图层没有缩放属性，如摄像机、光照和仅音频图层。缩小栅格（非矢量）图层有时会导致图像轻微柔化或模糊，扩大栅格图层可能会导致图像看起来成块状或像素化。

旋转属性可以使图层围绕其锚点进行旋转。在After Effects中可直接设置图层旋转的圈数，360°为1圈。例如要制作图层旋转1圈再多30°的动画，经过计算该图层一共旋转了390°，在After Effects中会以圈数和度数显示，如图3-37所示。这样，要将图层旋转很多圈时，不用再计算图层一共要旋转多少度。

图3-37

不透明度属性可以更改图层的不透明度，调整不同时间节点的不透明度可以达到渐显或渐隐的效果。

知识点 2 附加属性

图层除了基本属性还可以获得附加属性，如为图层绘制蒙版、添加效果等。

图3-38是在图层上绘制了一个蒙版，该图层获得了蒙版相关的附加属性。

图3-39是为图层添加了高斯模糊效果，该图层获得了高斯模糊效果相关的附加属性。

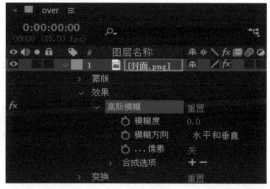

图3-38

图3-39

本节回顾

扫描图3-40所示二维码可回顾本节内容。

图3-40

第5节 关键帧

关键帧用于为每帧设置动作、效果、音频，以及许多其他属性的参数，这些参数通常随时间变化。至少需要两个关键帧来制作随时间推移图层发生变化的效果：一个对应变化开始的状态；另一个对应变化结束的新状态。

知识点 1 关键帧的用法

当某个属性的码表处于激活状态时，更改该属性的值，After Effects 将自动设置或更改当前时间该属性的关键帧。当属性的码表未被激活时，属性没有关键帧。

启用关键帧

单击属性名称旁边的码表以激活它，使 After Effects 在当前时间为该属性值创建关键帧。

选中某个属性，执行"动画-添加'XX'关键帧"命令，其中"XX"是要为其添加动画的属性的名称。

删除或禁用关键帧

要删除任意数量的关键帧，选中它们并按 Delete 键即可。

要删除某个属性的所有关键帧，单击属性名称左侧的码表，关闭码表，停用该属性的所有关键帧。

要在图表编辑器中删除某个关键帧，在按住 Ctrl 键的同时单击该关键帧即可。

知识点 2 关键帧的类型

常用的关键帧有菱形关键帧、缓入缓出关键帧、箭头形状关键帧和圆形关键帧，如图 3-41 所示。

图3-41

菱形关键帧是最普通的关键帧。

缓入缓出关键帧能够使动画运动变得平滑，选中关键帧按 F9 键可以实现。此关键帧的造型是两头大中间小。

箭头形状关键帧与缓入缓出关键帧类似，只是实现动画的平滑过渡，包括入点平滑关键帧和出点平滑关键帧。帧的入点关键帧可以按快捷键 Shift+F9 设置，帧的出点关键帧可以按快捷键Ctrl+Shift+F9设置。

圆形关键帧也属于平滑类关键帧，使动画曲线变得平滑可控，实现方法是按住Ctrl键并单击关键帧。

正方形关键帧比较特殊，是硬性变化的关键帧，常用在文字变换动画中。正方形关键帧可以在一个文字图层改变多个文字源，以实现不用多个图层就能制作出不一样的文字变换效果。它可以在时间轴面板中，通过文字图层的"源文本"进行设置，如图3-42所示。

图3-42

知识点3 图表编辑器

一般情况下，图表编辑器处于关闭状态，时间轨区域仅显示水平时间元素，如图3-43所示。

打开图表编辑器后，时间轨区域显示为用于表示属性值的图表，水平方向表示（从左到右）合成时间，如图3-44所示。单击时间轴面板中的"图表编辑器"按钮或按快捷键Shift+F3可打开图表编辑器。

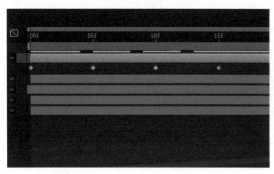

图3-43

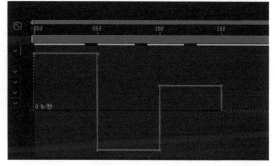

图3-44

图表编辑器提供两种类型的图表：值图表，显示属性值；速度图表，显示属性值变化的速率，如图3-45所示。

对于时间属性，如"不透明度"，图表编辑器默认显示值图表。对于空间属性，如"位置"，图表编辑器默认显示速度图表。

在图表编辑器中，每个属性都通过各自的曲线表示，可以一次查看和处理一个属性，也可以同时查看多个属性。

当多个属性显示在图表编辑器中时，每个属性曲线的颜色与图层轮廓中属性值的背景颜色相同。

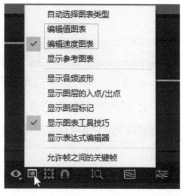

图3-45

在打开"对齐"按钮的情况下,拖曳图表编辑器中的关键帧,该关键帧会与关键帧值、关键帧时间、当前时间、入点和出点、标记、工作区域的起始和结束位置,以及合成的起始和结束位置等对齐。当关键帧与这些项中的其中一项对齐时,图表编辑器中会显示一条橙色线条以指示对齐对象。

图表编辑器模式中的关键帧,在其一侧或两侧有控制手柄,如图3-46所示。控制手柄可以用于调整贝塞尔曲线。

图3-46

使用图表编辑器底部的"单独尺寸"按钮 可以将"位置"的组件分离成单个属性,包括"X位置""Y位置",以及适用于3D图层的"Z位置",以便单独修改每个属性并为其添加动画,如图3-47所示。

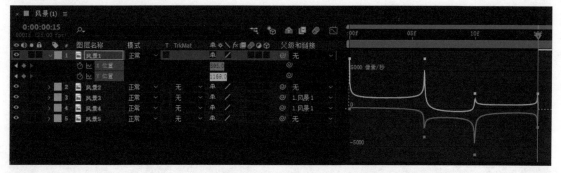

图3-47

本节回顾

扫描图3-48所示二维码可回顾本节内容。

本节内容更偏向于理论,在本节回顾的视频中,将通过一个马车位移动画的小作品使读者更加清晰地理解After Effects中关键帧的相关知识点。

图3-48

第6节 路径

在学习After Effects蒙版、形状、绘画描边以及运动路径等之前，需要先了解路径的相关知识。用于创建和编辑各种路径的工具和技术类似，但各个种类路径都有各自独特的方面。

路径可以是开放的，也可以是闭合的，如图3-49所示。开放路径的开始点与结束点不一样，如直线；封闭路径是连续的，没有开始点与结束点，如圆。

使用图形工具可以采用普通几何形状、多边形、椭圆形和星形等绘制形状路径，使用钢笔工具可以绘制任意路径。

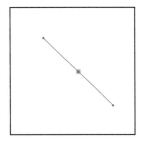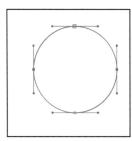

图3-49

知识点 1 路径的绘制

After Effects支持在蒙版路径、绘画描边路径、贝塞尔曲线路径、运动路径，以及在软件Illustrator、Photoshop中创建的路径中复制路径。

使用钢笔工具绘制的路径是贝塞尔曲线路径。熟练使用贝塞尔曲线路径后可以绘制任意形状。对于从未使用过钢笔工具的初学者来说，使用钢笔工具绘制不同的路径存在一定的难度，所以，下面将讲解如何使用钢笔工具绘制不同的路径。

绘制直线

使用钢笔工具在画布上单击创建出第一个锚点，再次单击创建出第二个锚点，两个锚点连接成一条直线，如图3-50所示。

图3-50

绘制闭合区域

单击创建多个锚点，在鼠标光标靠近起始锚点时，鼠标光标旁会出现小圆圈，此时单击即可形成闭合路径，如图3-51所示。

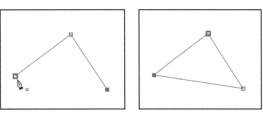

图3-51

绘制曲线

创建锚点时，按住鼠标左键不放并拖曳拉出方向控制手柄，即可绘制出曲线，如图3-52所示。

拖曳控制手柄的末端可以改变线条的弧度，以绘制不同的路径。按住Alt键在曲线的锚点上单击，可以打开或关闭控制手柄。

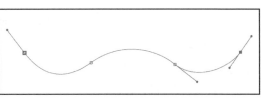

图3-52

绘制直线和曲线相结合的线段

绘制曲线后，直接单击其他位置创建下一个锚点，绘制出的线段将会是弧线。如果想在曲线后绘制的是直线，可按住Alt键单击曲线最后的锚点，然后在其他位置单击创建锚点即可，如图3-53所示。

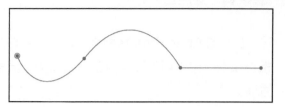

图3-53

若想接着绘制曲线，创建下一个锚点时按住鼠标左键不放并拖曳即可。

添加与删除锚点

将鼠标光标拖曳到曲线上没有锚点的位置时，鼠标光标右下角会出现一个加号，这时单击可创建锚点，如图3-54所示。

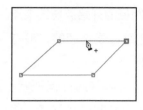 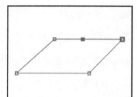

图3-54

如果想要删减锚点，首先，要将钢笔工具切换为删除顶点工具，接着把鼠标光标对准想要删除的锚点，然后单击锚点即可将其删除，如图3-55所示。

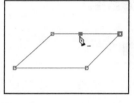 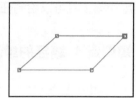

图3-55

知识点 2　合并路径

对于形状路径，可以使用"合并路径"功能将多个路径合并为一个路径。

图3-56所示为"合并路径"选项的4种结果，从左到右依次为"相加""相减""相交"和"排除交集"。

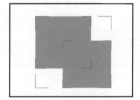 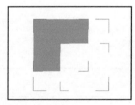 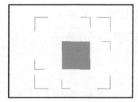 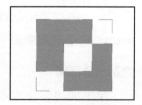

图3-56

本节回顾

扫描图3-57所示二维码可回顾本节内容。

在视频中将对路径的绘制进行更加详细的讲解，并且提供了路径绘制的小练习。

图3-57

第7节 小球弹跳动画案例

本节将讲解小球弹跳动画案例，以实际应用方式复习本课的部分知识点。在制作小球弹跳动画的操作中，将使用纯色图层和形状图层，主要通过形状图层的基本属性——缩放、位置和不透明度，制作关键帧动画，实现小球的弹跳。

扫描图3-58所示二维码可观看教学视频。

图3-58

操作步骤

01 打开 After Effects CC 2019，在菜单栏中执行"合成 – 新建合成"命令，弹出"合成设置"对话框。在对话框中为合成命名并设置合成参数，将"预设"调整为"HDTV 1080 25"，将"像素长宽比"调整为"方形像素"，将"帧速率"调整为"25"，将"持续时间"调整为"0:00:10:00"，如图3-59所示。

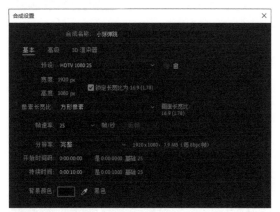

图3-59

03 新建一个纯色图层，作为动画的背景颜色。在时间轴面板的空白处单击鼠标右键，在弹出的菜单中执行"新建 – 纯色"命令，弹出"纯色设置"对话框。在对话框中，为图层命名，并将"颜色"调整为自己喜欢的颜色，设置完成后单击"确定"按钮即可，如图3-61所示。

提示 创建一个新的图层后，要及时为图层命名。在工作中，一个项目可能涉及几十到几百个图层，只有及时为图层命名，才能在后期的工作中快速找到需要操作的图层，从而提高工作效率。

02 在"合成设置"对话框中完成设置后，单击"确定"按钮，"小球弹跳"合成创建完成。在项目面板、查看器面板和时间轴面板中可以看到"小球弹跳"合成，如图3-60所示。

图3-60

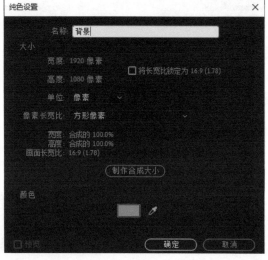

图3-61

04 创建"小球"。在时间轴面板空白处单击鼠标右键，在弹出的菜单中执行"新建 – 形状图层"命令。在工具栏中选中矩形工具并按住鼠标左键，展开图形工具组。双击椭圆工具，在查看器面板的画布中出现了一个充满画布的椭圆，且时间轴面板的"形状图层 1"图层的"内容"下出现"椭圆 1"，如图 3-62 所示。

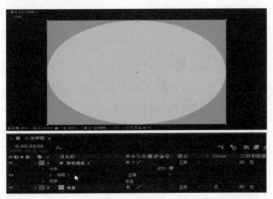

图3-62

06 改变"小球"颜色。展开"填充 1"，单击"颜色"后的色块，在弹出的"颜色"对话框中将颜色调整为白色，调整完毕后，单击"确定"按钮，"小球"变为白色，如图 3-64 所示。关闭"形状图层 1"图层的展开选项。

图3-64

08 将时间指示器拖曳到 18 帧，将"位置"调整为"960，776"，小球重新出现在画面中，如图 3-66 所示。改变"位置"的数值后，系统在当前时间位置自动生成一个关键帧，如图 3-67 所示。从 0 帧到 18 帧，小球从画面外下落到"地面"。接下来制作小球反弹起来的画面。

05 单击"椭圆 1"前的箭头展开"椭圆 1"选项，这里"小球"不需要描边，将"描边"删除，展开"椭圆路径 1"，单击"大小"前的"约束比例"按钮，关闭"大小"的约束比例。按住 Alt 键，单击"约束比例"按钮，查看器面板中的椭圆形变为圆形，将"大小"调整为"161"，"小球"创建完成，如图 3-63 所示。

图3-63

07 制作小球的动画。选中"形状图层 1"图层，将时间指示器拖曳到 0 帧，按 P 键将"位置"调整为"960，-122"，单击"位置"前的码表添加关键帧，小球在画面中消失，如图 3-65 所示。

图3-65

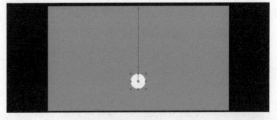

图3-66

图3-67

09 将时间指示器拖曳到1秒12帧，将"位置"调整为"960，433"，小球弹起，如图3-68所示。

图3-68

10 将时间指示器拖曳到2秒5帧，将"位置"调整为"960，776"，小球落回地面，如图3-69所示。

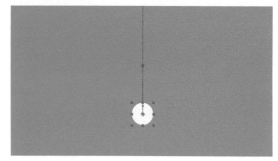

图3-69

11 预览动画，发现小球下落弹起的动画过于生硬，没有节奏感。同时选中4个关键帧，在任意关键帧上单击鼠标右键，在弹出的菜单中执行"关键帧辅助-缓动"命令，如图3-70所示。

图3-70

12 单击"图表编辑器"按钮，关键帧变为贝塞尔曲线。单击"选择图表类型和选项"按钮，执行"编辑速度图表"命令，如图3-71所示。此时，图表编辑器中的曲线为速度曲线。

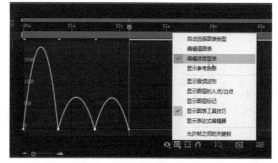

图3-71

13 单击"使所有图表适于查看"按钮 ，图表编辑器中的曲线会更加易于查看。调整曲线，将两侧时间往第2个关键帧的方向挤压，再将第3个关键帧向第4个关键帧的方向挤压，如图3-72所示。收起"位置"，预览动画，小球下落弹起的动画变得自然了。

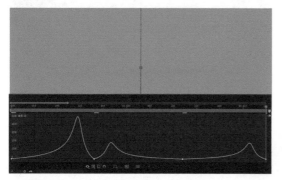

图3-72

14 关闭"图表编辑器"。制作小球缩放动画，使小球下落时的形状变长，小球弹跳时的形状变扁。将时间指示器拖曳到1秒12帧，按S键，单击"缩放"前的码表添加关键帧。将时间指示器拖曳到0帧，将"缩放"的约束比例取消，调整为"86，123"，如图3-73所示。

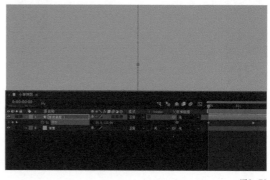

图3-73

15 将时间指示器拖曳到 18 帧，将"缩放"调整为 "128，88"，如图 3-74 所示。

图3-74

16 将时间指示器拖曳到 15 帧，将"缩放"调整为"86，123"，如图 3-75 所示。

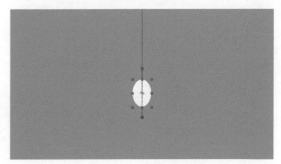

图3-75

17 预览动画，小球第一次弹跳的动画制作完毕，开始制作第二次弹跳的缩放动画。选中 18 帧小球落地附近的两个"缩放"关键帧，按快捷键 Ctrl+C 复制关键帧，将时间指示器拖曳到 2 秒 2 帧，按快捷键 Ctrl+V 粘贴关键帧，按 U 键展开所有关键帧信息，如图 3-76 所示。

图3-76

18 选中"形状图层 1"图层，将时间指示器拖曳到 2 秒 5 帧，在菜单栏中执行"编辑 – 拆分图层"命令，"形状图层 1"图层被拆分为两个图层——"形状图层 1"图层和"形状图层 2"图层，删除"形状图层 2"图层，如图 3-77 所示。

图3-77

19 在时间轴面板空白处单击鼠标右键，执行"新建 – 形状图层"命令。将"形状图层 1"重命名为"圆形"，将"形状图层 2"重命名为"方形"。在工具栏中双击矩形工具，在查看器面板的画布中出现了一个充满画布的矩形，如图 3-78 所示。

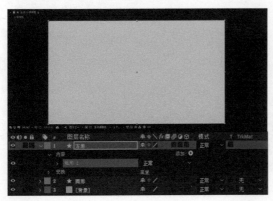

图3-78

20 在时间轴面板中选中"方形"图层，展开"矩形 1-矩形路径 1"，将"大小"的约束比例取消，然后按 Alt 键单击"约束比例"按钮，矩形变成方形。将"大小"调整为"351"，删除"描边 1"，展开"填充 1"，将"颜色"调整为白色，如图 3-79 所示。

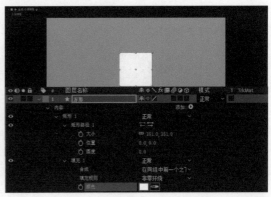

图3-79

21 将"方形"图层的"不透明度"调整为"45"，将"圆形"图层工作区域的出点向后拖曳5帧。将时间指示器拖曳到2秒5帧，在查看器面板中拖曳"方形"使其与"圆形"中心点重合，如图3-80所示。

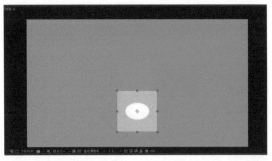

图3-80

23 此时方形也处于地面上，接着会弹起来，和圆形"位置"关键帧的后3帧动画一致。同时选中"圆形"图层"位置"的后3个关键帧，按快捷键Ctrl+C复制关键帧，选中"方形2"图层，按快捷键Ctrl+V粘贴关键帧，按U键显示关键帧信息，如图3-82所示。

图3-82

25 小球在弹起后需要变为方形。将时间指示器拖曳到2秒24帧，将"半径"调整为"0"，如图3-84所示。预览动画，在2秒5帧的位置，"方形2"图层与"圆形"图层同时出现。在此帧，两个图层如果完全重合，动画的效果会更好。

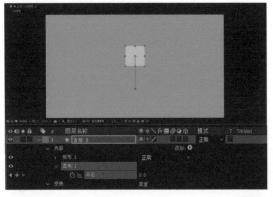

图3-84

22 修改方形大小，使方形大小和圆形大小保持一致，如图3-81所示。选中"方形"图层，在菜单栏中执行"编辑–拆分图层"命令，删除拆分后的"方形"图层。

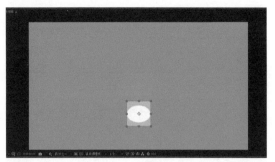

图3-81

24 预览动画，发现圆形变为方形的过渡比较生硬。因此单击"方形2"图层前的箭头，单击"内容"后"添加"旁的 ⊙ 按钮，在弹出的菜单中执行"圆角"命令，展开"圆角"，将"半径"调整为"200"左右，使方形变为圆形，单击"半径"前的码表添加关键帧，如图3-83所示。

图3-83

26 将时间指示器拖曳到2秒5帧，选中"方形2"图层，取消"缩放"的约束比例，并调整为"60.2，39.2"，单击"缩放"前的码表添加关键帧，如图3-85所示。

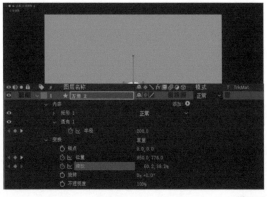

图3-85

27 将时间指示器拖曳到 2 秒 24 帧，"小球"到达弹起的最高位置，此时"小球"应该变为"方形"。将"方形 2"图层的"缩放"调整为"100"，展开"矩形 1-填充 1"将"不透明度"调整为"100"，如图 3-86 所示。

28 增加"方形 2"图层动画细节。折叠时间轴面板中的所有选项，选中"方形 2"图层，按 R 键将"旋转"调整为"3x"，按 U 键展开关键帧信息，如图 3-87 所示。

图3-86

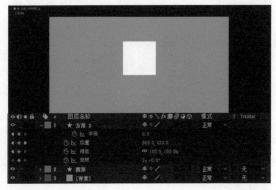

图3-87

29 将时间指示器拖曳到 2 秒 5 帧，将"旋转"调整为"0"，如图 3-88 所示。

30 将时间指示器拖曳到 3 秒 17 帧，将"旋转"调整为"3x +90"，如图 3-89 所示。

图3-88

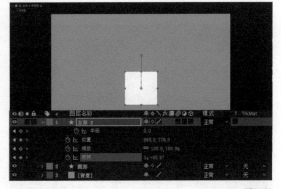

图3-89

  本案例到此结束，预览动画，小球由画面外落到地上，弹起，再次落到地上并弹起。第 2 次弹起的过程中，小球旋转 3 圈并变为方形，再次下落，下落的过程中旋转 90°。

第 **4** 课

MG动画

MG动画是一种比较常见的动画表现形式，主要由各
种属性的关键帧动画构成。使用After Effects制作关
键帧动画，系统可以自动补齐中间的动画，用户只需
做好首末关键帧的状态即可。

本课将讲解MG动画的相关知识，并通过两个实战案
例进行练习。

第1节 认识MG动画

随着社会的发展和时代的进步，设计的视觉表现形式越来越多样化。作为平面设计爱好者，一定听过时下最流行的 Motion Graphic，简称 MG 动画。从广义上来讲，MG 动画是一种融合了电影与图形设计语言，并基于时间流动而设计的视觉表现形式。

知识点 1 MG 动画的特点

MG 动画是时下非常流行的一种动画形式，它是介于平面设计与动画片之间的一种动画。

相比静态图片，MG 动画是一种超酷炫的视觉表达形式，扁平化的设计风格加上天马行空的想象力，能够演绎出独特的动态视觉表现，它具有轻便短小、妙趣横生、易于传播的特点。

知识点 2 关键帧动画

MG 动画主要由各种属性的关键帧动画构成。

使用 After Effects 制作关键帧动画，不需要绘制出每一帧动画，只需要制作好首尾关键帧的动画，系统会自动补齐中间的动画，且画面更加流畅。

在使用 After Effects 制作关键帧动画的过程中，可以对关键帧速度进行调整，更好地对元素动画的开始到结束进行设置，从而使动画效果更具节奏感。

知识点 3 图层的转换

MG动画中部分设计元素会在 Adobe Illustrator 中设计与绘制。将 Adobe Illustrator 的工程文档导入 After Effects，形成的是矢量图层。为了更好地在 After Effects 中对设计元素进行编辑与修改，需要完成矢量图层到形状图层的转换。执行"创建-从矢量图层创建形状"命令，可将矢量图层转换为 After Effects 中需要的形状图层。

After Effects 支持三维空间，因此可以将图层转化为 3D 图层，使制作的画面更有层次感，在美感上更容易把控，再配合有节奏感的音乐，就可以制作出生动的 MG 动画。

第2节 电脑滑落MG动画案例

本次案例讲解如何在 After Effects 中创建 MG 动画，以及在创建过程中操纵关键帧，调整关键帧运动的速度。

无论是专业的动画师还是学习动画制作的初学者，都可以通过模仿本案例，提高制作动画的能力。

扫描图 4-1 所示二维码可观看教学视频。

图4-1

操作步骤

01 在 Illustrator CC 2019 中打开"MG_电脑2"的 AI 文件，将动画元素保存成独立的图层并命名，如图 4-2 所示。将"MG_电脑2"的 AI 文件调整并保存好后，打开 After Effects CC 2019 以工程文件的格式导入该文件。

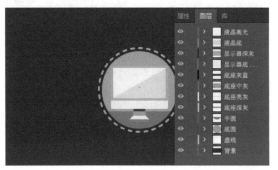

图4-2

02 执行"文件 - 导入"命令，选中"MG_电脑2"的 AI 文件，确定导入格式为"Illustrator/PDF/EPS"，将"导入为"调整为"素材"，不勾选"创建合成"选项，单击"导入"按钮，如图 4-3 所示。

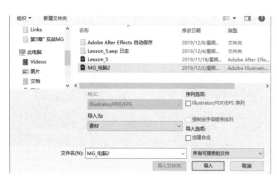

图4-3

03 在弹出的对话框中，将"导入种类"调整为"合成"，将"素材尺寸"调整为"图层大小"，单击"确定"按钮，如图 4-4 所示。

图4-4

04 在项目面板中双击"MG_电脑2"合成，时间轴面板中将显示该合成所有图层的信息，如图 4-5 所示。

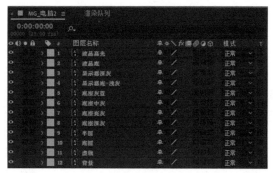

图4-5

05 在时间轴面板中选中所有图层，单击鼠标右键，在弹出的菜单中执行"创建 - 从矢量图层创建形状"命令，将 AI 图层转换为 After Effects CC 2019 中需要的形状图层，如图 4-6 所示。

图4-6

06 删除时间轴面板中的所有 AI 格式同名文件，如图 4-7 所示。

图4-7

07 选中"液晶底轮廓"图层，将时间指示器拖曳到 0 帧，按 S 键将"缩放"的约束比例取消并调整为"0，100"，单击"缩放"前的码表添加关键帧。将时间指示器拖曳到 12 帧，将"缩放"调整为"100，100"，系统在当前时间位置自动生成一个关键帧，如图 4-8 所示。

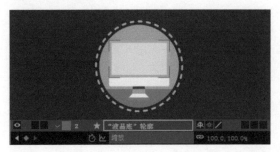

图4-8

08 改变"液晶底轮廓"图层关键帧的速度。同时选中两个关键帧，执行"动画 - 关键帧速度"命令，弹出"关键帧速度"对话框，设置如图 4-9 所示。设置完成后单击"确定"按钮。按空格键可以预览效果。

图4-9

09 选中"显示器深灰轮廓"图层，将时间指示器拖曳到 0 帧，按 S 键将"缩放"调整为"0"，单击"缩放"前的码表添加关键帧。将时间指示器拖曳到 12 帧，将"缩放"调整为"100"，系统在当前时间位置自动生成一个关键帧，如图 4-10 所示。

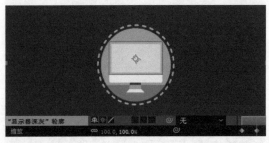

图4-10

10 改变"显示器深灰轮廓"图层关键帧的速度。同时选中两个关键帧，执行"动画 - 关键帧速度"命令，弹出"关键帧速度"对话框，设置如图 4-11 所示，设置完成后单击"确定"按钮。

图4-11

11 选中"显示器底 - 浅灰轮廓"图层，将时间指示器拖曳到 0 帧，按 S 键将"缩放"调整为"0"，单击"缩放"前的码表添加关键帧。将时间指示器拖曳到 12 帧，将"缩放"调整为"100"，系统在当前时间位置自动生成一个关键帧，如图 4-12 所示。

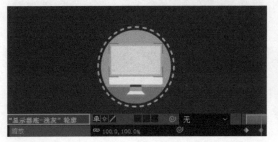

图4-12

12 改变"显示器底 - 浅灰轮廓"图层关键帧的速度。同时选中两个关键帧，执行"动画 - 关键帧速度"命令，弹出"关键帧速度"对话框，设置如图 4-13 所示，设置完成后单击"确定"按钮。

图4-13

13 按住 Shift 键，同时选中"液晶底轮廓""显示器深灰轮廓"和"显示器底-浅灰轮廓"3 个图层。按 U 键显示 3 个图层的关键帧属性，分别拖曳每个图层的两个关键帧，改变关键帧位置，制作各图层先后出现的效果，完成屏幕主体部分的制作，如图 4-14 所示。

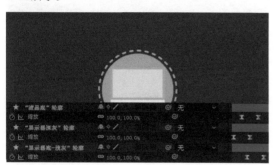

图4-14

14 选中"液晶高光轮廓"图层，将时间指示器拖曳到 7 秒，按 P 键单击"位置"前的码表添加关键帧。将时间指示器拖曳到 0 帧，将"位置"调整为"729,354.5"，系统在当前时间位置自动生成一个关键帧，如图 4-15 所示。

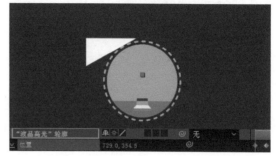

图4-15

15 选中"液晶底轮廓"图层，按快捷键 Ctrl+D，得到"液晶底轮廓 2"图层，如图 4-16 所示。

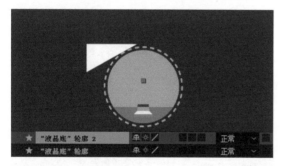

图4-16

16 拖曳"液晶底轮廓 2"图层至"液晶高光轮廓"图层上方。如图 4-17 所示。

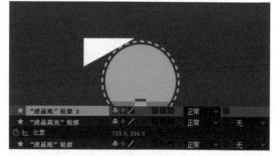

图4-17

17 选中"液晶高光轮廓"图层，将其"轨道遮罩"调整为"Alpha 遮罩液晶底轮廓 2"，如图 4-18 所示。若无"轨道遮罩"部分的选项，单击时间轴面板左下角"展开或折叠转换控制窗格"按钮即可调出"轨道遮罩"。

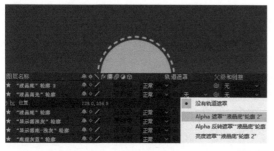

图4-18

18 播放动画，可以发现"液晶高光轮廓"图层动画发生得过快。按住 Shift 键，同时选中"液晶高光轮廓"和"液晶底轮廓"图层，按 U 键显示关键帧属性，便于调整关键帧的相对位置。选中"液晶高光轮廓"图层，调整关键帧位置，如图 4-19 所示。

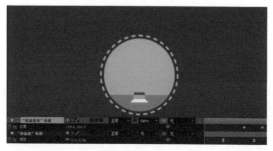

图4-19

19 选中"底座灰蓝轮廓"图层，将时间指示器拖曳到 0 帧，按 S 键将"缩放"的约束比例取消并调整为"0，100"，单击"缩放"前的码表添加关键帧。将时间指示器拖曳到 5 帧，将"缩放"调整为"100，100"，如图 4-20 所示。

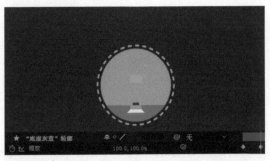

图4-20

21 同时选中"液晶高光轮廓""液晶底轮廓""显示器深灰轮廓""显示器底 - 浅灰轮廓"4 个图层，按 U 键显示图层关键帧属性。选中"底座灰蓝轮廓"图层，调整关键帧位置，将关键帧拖曳到 1 秒后，如图 4-22 所示。

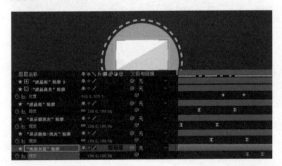

图4-22

23 选中"底座中灰轮廓"图层，将时间指示器拖曳到 1 秒 4 帧，按 P 键单击"位置"前的码表添加关键帧，将时间指示器拖曳到 1 秒，将"位置"调整为"960，654.6"，系统在当前时间位置自动生成一个关键帧，如图 4-24 所示。

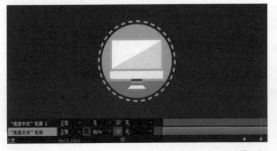

图4-24

20 改变"底座灰蓝轮廓"图层关键帧的速度。同时选中两个关键帧，执行"动画 - 关键帧速度"命令，弹出"关键帧速度"对话框，设置如图 4-21 所示，设置完成后单击"确定"按钮。

图4-21

22 选中"底座中灰轮廓"图层，按快捷键 Ctrl+D，得到"底座中灰轮廓 2"图层，如图 4-23 所示。

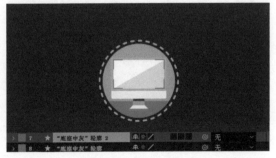

图4-23

24 选中"底座中灰轮廓"图层，将"轨道遮罩"设置为"Alpha 遮罩底座中灰轮廓 2"，如图 4-25 所示。

图4-25

25 同时选中"底座中灰轮廓2"和"底座中灰轮廓"图层,按U键显示图层关键帧属性。选中"底座中灰轮廓"图层,调整关键帧位置,使灰色底座动画在蓝色底座动画后显示,如图4-26所示。

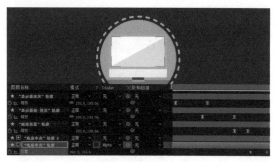

图4-26

27 选中"底座亮灰轮廓"图层,将时间指示器拖曳到1秒13帧,按P键单击"位置"前的码表添加关键帧,将时间指示器拖曳到1秒9帧,将"位置"调整为"960,740.3",系统在当前时间位置自动生成一个关键帧,如图4-28所示。

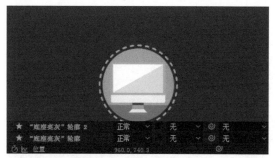

图4-28

29 选中"底座深灰轮廓"图层,按快捷键Ctrl+D,得到"底座深灰轮廓2"图层,如图4-30所示。

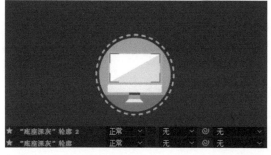

图4-30

26 选中"底座亮灰轮廓"图层,按快捷键Ctrl+D,得到"底座亮灰轮廓2"图层,如图4-27所示。

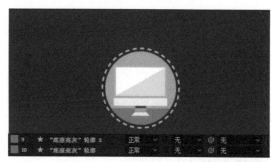

图4-27

28 选中"底座亮灰轮廓"图层,将"轨道遮罩"设置为"Alpha遮罩底座亮灰轮廓2",如图4-29所示。

图4-29

30 选中"底座深灰轮廓"图层,将时间指示器拖曳到1秒16帧,按P键单击"位置"前的码表添加关键帧,将时间指示器拖曳到1秒12帧,将"位置"调整为"960,730",系统在当前时间位置自动生成一个关键帧,如图4-31所示。

图4-31

31 选中"底座深灰轮廓"图层，将"轨道遮罩"设置为"Alpha 遮罩底座深灰轮廓 2"，如图 4-32 所示。

图4-32

32 选中"底圆轮廓"图层，将时间指示器拖曳到 19 帧，按 S 键将"缩放"调整为"100"，单击"缩放"前的码表添加关键帧，将时间指示器拖曳到 10 帧，将"缩放"调整为"0"，系统在当前时间位置自动生成一个关键帧，如图 4-33 所示。

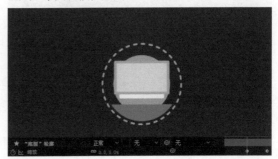

图4-33

33 选中"底座深灰轮廓"图层，将时间指示器拖曳到 24 帧，按 P 键单击"位置"前的码表添加关键帧。将时间指示器拖曳到 16 帧，将"位置"调整为"960，912.8"，系统在当前时间位置自动生成一个关键帧，如图 4-34 所示。

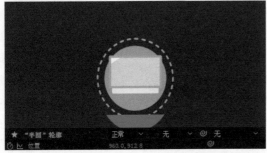

图4-34

34 选中"底圆轮廓"图层，按快捷键 Ctrl+D，得到"底圆轮廓 2"图层，如图 4-35 所示。

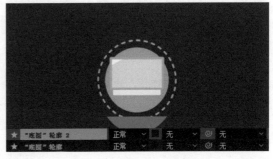

图4-35

35 拖曳"底圆轮廓 2"图层至"半圆轮廓"图层上方，选中"半圆轮廓"图层，将其"轨道遮罩"设置为"Alpha 遮罩底圆轮廓 2"，如图 4-36 所示。

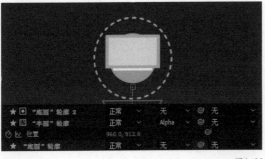

图4-36

36 选中"虚线轮廓"图层，将时间指示器拖曳到 1 秒 4 帧，按 S 键将"缩放"调整为"100"，单击"缩放"前的码表添加关键帧，将时间指示器拖曳到 14 帧，将"缩放"调整为"0"，系统在当前时间位置自动生成一个关键帧，如图 4-37 所示。

图4-37

37 折叠所有图层，如图4-38所示。

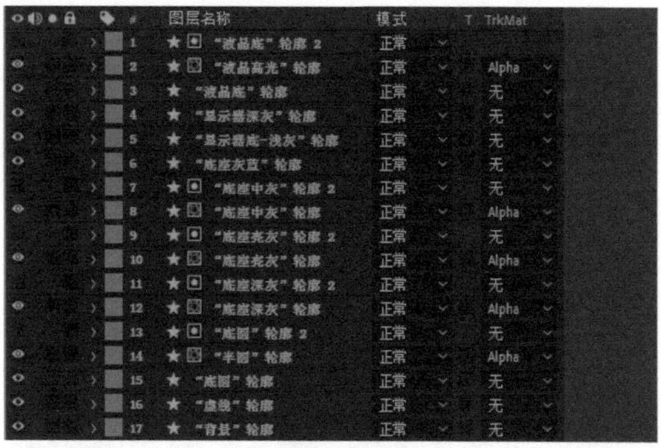

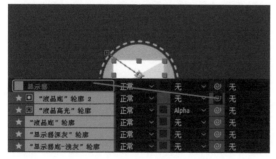

图4-38

38 在时间轴面板空白处单击鼠标右键，在弹出的菜单中执行"新建 – 空对象"命令，将空对象图层重命名为"显示器"，再次新建"空对象"图层，命名为"电脑"，如图4-39所示。

图4-39

39 按住Shift键，同时选中显示器部分的5个图层，将"液晶底轮廓2"图层的父级关联器拖曳到"显示器"图层，进行父子级链接。"显示器"图层是父级图层，显示器部分的5个图层是子级图层，子级图层跟随父级图层发生变化，如图4-40所示。

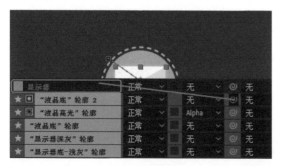

图4-40

40 按住Shift键，同时选中电脑底座部分的7个图层，将"底座灰蓝轮廓"图层的父级关联器拖曳到"电脑"图层，进行父子级链接。"电脑"图层是父级，电脑底座部分的7个图层是子级图层，如图4-41所示。

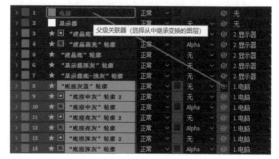

图4-41

41 将"显示器"图层的父级关联器拖曳到"电脑"图层，进行父子级链接，"电脑"图层是父级，"显示器"图层是子级图层，如图4-42所示。

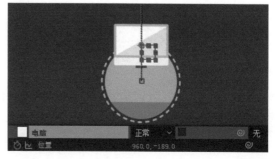

图4-42

42 选中"电脑"图层，将时间指示器拖曳到1秒23帧，按P键单击"位置"前的码表添加关键帧。将时间指示器拖曳到0帧，将"位置"调整为"960，–189"，系统在当前时间位置自动生成一个关键帧，如图4-43所示。

图4-43

43 选中"显示器"图层，将时间指示器拖曳到 2 秒，按 P 键单击"位置"前的码表添加关键帧，将时间指示器拖曳到 2 秒 5 帧，将"位置"调整为"0，22"，系统在当前时间位置自动生成一个关键帧，如图 4-44 所示。

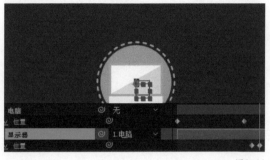

图4-44

44 选中 2 秒位置的关键帧，按快捷键 Ctrl+C 复制关键帧，将时间指示器拖曳到 2 秒 13 帧，按快捷键 Ctrl+V 粘贴关键帧。"显示器"图层的 3 个"位置"关键帧如图 4-45 所示。

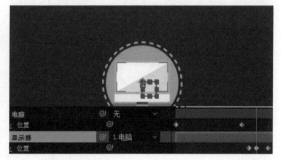

图4-45

45 修改渲染区域。拖曳时间指示器后，按 B 键设置工作区域的入点，按 N 键设置工作区域的出点，以限定渲染范围，如图 4-46 所示。

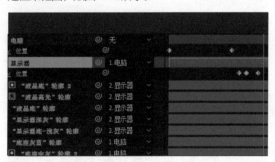

图4-46

46 此时，该动画已经制作完毕，折叠所有图层，确定所有图层处于未被选择状态，在菜单栏执行"合成 – 添加到渲染队列"命令，如图 4-47 所示。

图4-47

47 在渲染队列面板中，将"渲染设置"调整为"最佳设置"。单击"输出模块"旁的"无损"，在弹出的"输出模块设置"对话框中，将"格式"调整为"QuickTime"，打开"关闭音频输出"，单击"确定"按钮，如图 4-48 所示。

图4-48

48 单击渲染队列面板中"输出到"旁的蓝色文字，选择输出位置，并为其命名，单击"保存"按钮。单击渲染队列面板右上角的"渲染"按钮，完成视频的渲染输出，如图 4-49 所示。

图4-49

第3节 Loading动画案例

Loading动画在设计中是一个非常重要的系统元素，它能缓解用户在等待过程中的焦虑心态，也能用来宣传品牌，增加曝光。本案例将讲解如何在After Effects中制作Loading动画。

扫描图4-50所示二维码可观看教学视频。

图4-50

操作步骤

01 在 Illustrator CC 2019 中打开 "loading" 的 AI 文件，将动画元素保存成独立的图层并命名，如图 4-51 所示。将 "loading" 的 AI 文件调整并保存好后，打开 After Effects CC 2019 以工程文件格式导入该文件。

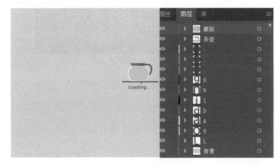

图4-51

02 执行 "文件 - 导入" 命令，选中 "loading" 的 AI 文件，确定导入格式为 "Illustrator/PDF/EPS"，将 "导入为" 调整为 "素材"，不勾选 "创建合成" 选项，单击 "导入" 按钮，如图 4-52 所示。

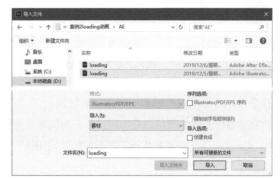

图4-52

03 在弹出的对话框中，将 "导入种类" 调整为 "合成"，将 "素材尺寸" 调整为 "图层大小"，单击 "确定" 按钮，如图 4-53 所示。

图4-53

04 在项目面板中双击 "loading" 合成，时间轴面板中将显示该合成内所有图层的信息，如图 4-54 所示。

图4-54

05 在时间轴面板中选中所有图层，单击鼠标右键，在弹出的菜单中执行"创建 - 从矢量图层创建形状"命令，将 AI 图层转换为 After Effects CC 2019 中需要的形状图层，如图 4-55 所示。

图4-55

07 在时间轴面板空白处，单击鼠标右键，执行"新建 - 形状图层"命令，如图 4-57 所示。

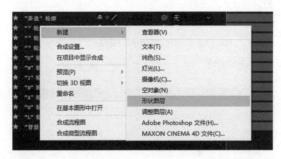

图4-57

09 在工具栏中双击矩形工具，"形状图层 1"图层将会被已设置的颜色填充为满屏，在时间轴面板中"形状图层 1"图层的"内容"选项下出现"矩形 1"，如图 4-59 所示。

图4-59

11 选中"形状图层 1"图层，在菜单栏中执行"效果 - 扭曲 - 波形变形"命令，在效果控件面板中将"波形高度"调整为"6"，如图 4-61 所示。

06 删除时间轴面板中所有 AI 格式的同名文件，如图 4-56 所示。

图4-56

08 在工具栏中单击"填充颜色"右侧的色块，在弹出的"形状填充颜色"对话框中，设置颜色为"H：41、S：85、B：88"，如图 4-58 所示。

图4-58

10 单击"矩形 1"前的箭头展开"矩形 1"，删除"描边"选项。展开"矩形路径 1"，将"大小"调整为"328，184.5"，如图 4-60 所示。

图4-60

图4-61

12 选中"形状图层1"图层,按快捷键 Ctrl+D 得到"形状图层2"图层。选中"形状图层2"图层,在工具栏中单击"填充颜色"右侧的色块,在弹出的"形状填充颜色"对话框中,设置颜色为"H:41、S:72、B:98",如图 4-62 所示。

图4-62

13 在效果控件面板中,将"方向"调整为"-95",如图 4-63 所示。

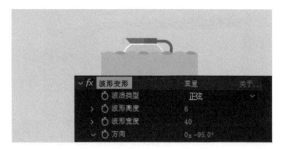

图4-63

14 选中"蒙版轮廓"图层,将其拖曳到时间轴面板的首层位置,如图 4-64 所示。

图4-64

15 按住 Shift 键,同时选中"形状图层1"图层和"形状图层2"图层,单击鼠标右键,在弹出的菜单中执行"预合成"命令,将两个形状图层合为"预合成1"图层,且"预合成1"出现在项目面板中,如图 4-65 所示。

图4-65

16 选中"预合成1"图层,将"轨道遮罩"设置为"Alpha 遮罩蒙版轮廓",如图 4-66 所示。

图4-66

17 将时间指示器拖曳到 0 帧处,按 P 键单击"位置"前的码表添加关键帧,将"位置"调整为"960,629",将时间指示器拖曳到工作区结束位置,将"位置"调整为"960,535",系统在当前时间位置自动生成一个关键帧,如图 4-67 所示。

图4-67

18 选中"L轮廓"图层，将时间指示器拖曳到0帧，按S键单击"缩放"前的码表添加关键帧，将时间指示器拖曳到7帧，将"缩放"调整为"125"，将时间指示器拖曳到15帧，将"缩放"调整为"100"，如图4-68所示。

图4-68

19 同时选中3个关键帧，按快捷键Ctrl+C复制关键帧。将时间指示器拖曳到1秒13帧，按快捷键Ctrl+V粘贴关键帧。关键帧之间设置相似的时间间隔，再次重复3次复制、粘贴操作，完成5组关键帧的设置，如图4-69所示。

图4-69

20 为"Loading…"的其他字母及符号添加与"L"相同的关键帧。单击"缩放"，快速选中上一步骤产生的5组关键帧，按快捷键Ctrl+C复制关键帧，如图4-70所示。

图4-70

21 将时间指示器拖曳到0帧，同时选中"O轮廓""A轮廓""D轮廓""I轮廓""N轮廓""G轮廓"及3个"点"所在的图层，共9个图层，按快捷键Ctrl+V粘贴关键帧，如图4-71所示。

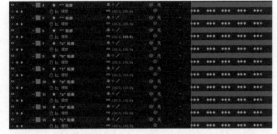

图4-71

22 展开时间轴面板中"入、出、持续时间、伸缩"窗格，选中"O轮廓"图层，单击"入"点对应的时间参数，在弹出的"图层入点时间"对话框中输入"0:00:00:06"，如图4-72所示。

图4-72

23 以6帧为间隔，调整其他字母图层入点时间，如图4-73所示。设置完成后，预览动画，完成练习。

图4-73

第 **5** 课

蒙版与遮罩

蒙版依附于图层，作为图层的属性存在，它可以只保留蒙版内的内容或只保留蒙版外的内容。遮罩作为单独的图层存在，通常是上层遮罩下层，利用固有的图层改变形状，其本身无法改变图层的形状。

本课将对蒙版与遮罩进行详细的讲解。

第1节　蒙版

After Effects中蒙版的上方图层定义它自身的显示范围。蒙版属于特定图层，依附于图层，与效果、变换一样，作为图层的属性存在，不是单独的图层。

知识点 1　蒙版的应用

蒙版（Mask）是一种路径，分为闭合路径蒙版和开放路径蒙版。

闭合路径蒙版可以为图层创建透明区域。开放路径蒙版无法为图层创建透明区域，但可用作效果参数。

蒙版常用于修改图层属性，如图层透明度、形状等。每个图层可以包含多个蒙版。

蒙版最常见的用途有以下两种：修改图层的Alpha通道，用来确定每个像素图层的透明度，如图5-1所示；设置动画的路径，如对文本应用路径动画等，如图5-2所示。

图5-1　　　　　　　　　　　　　　　　　　　　　　　　　　　图5-2

知识点 2　蒙版操作详解

下面将讲解绘制蒙版、查看蒙版路径和形状、更改蒙版路径颜色、蒙版混合模式和蒙版属性。

绘制蒙版

在时间轴面板中选中要添加蒙版的图层，使用图形工具（包括矩形工具、圆角矩形工具、椭圆工具、多边形工具和星形工具），在查看器面板中绘制蒙版，或在工具栏中选中钢笔工具，在查看器面板中绘制任意路径。

图形工具位于工具栏，单击矩形工具右下角的三角形或在矩形工具上长按鼠标左键，即可展开图形工具组，如图5-3所示。

使用图形工具组中常见的几何形状（包括椭圆形、多边形和星形）绘制蒙版的同时按住Shift键，可以绘制等比例图形蒙版。如

图5-3

选中星形工具，按住Shift键，绘制星形，绘制结果如图5-4所示。

钢笔工具位于工具栏，可以绘制任意形状的蒙版，如图5-5所示。

图5-4

图5-5

提示 蒙版绘制完成后，选中蒙版，可以对蒙版进行复制、剪切等操作。也可以将蒙版从一个图层复制到其他图层，同时保留蒙版的位置和形状，这种方法对于使用钢笔工具绘制的贝塞尔曲线蒙版尤为重要。

查看蒙版路径和形状

按M键即可在时间轴面板中查看蒙版信息。

单击查看器面板底部的"切换蒙版和形状路径可见性" ▣ 按钮，即可在查看器面板中查看蒙版和形状路径。

在时间轴面板中，锁定某个蒙版，选中其他蒙版，执行"图层-蒙版-隐藏锁定的蒙版"命令，在查看器面板中，可以看到显示其他蒙版路径时，隐藏锁定蒙版路径。

更改蒙版路径颜色

在时间轴面板中展开"蒙版"选项，单击"蒙版1"左侧的色板，在弹出的"蒙版颜色"对话框中选取新的颜色，然后单击"确定"按钮，如图5-6所示。

对蒙版路径循环应用颜色，执行"编辑-首选项-外观"命令，在弹出的"首选项"对话框中勾选"循环蒙版颜色"选项，如图5-7所示。

图5-6

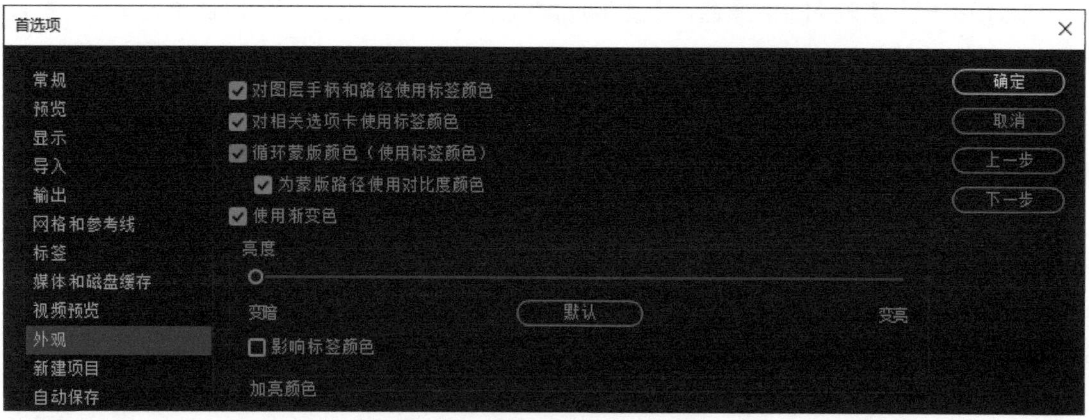

图5-7

蒙版混合模式

不同的蒙版可以应用不同的混合模式，但不能设置"蒙版混合模式"动画。

"蒙版混合模式"的结果，取决于堆叠顺序中更高位置蒙版的模式设置。"蒙版混合模式"仅在同一图层上的两个蒙版之间起作用。

默认情况下，所有蒙版的"蒙版混合模式"均为"相加"，如图5-8所示。

使用"蒙版混合模式"，可以创建包含多个透明区域复杂的复合蒙版。常用的"蒙版混合模式"包括以下4种。

图5-8

"相加"可以对两个蒙版进行加法，画面为两个"蒙版路径"影响的范围。

"相减"可以对两个蒙版进行减法，两个"蒙版图形"相交的部分将被减去。

"相交"又称为交集，即保留两个"蒙版图形"重叠的部分，其余的部分完全透明。

"差值"与"相交"想反，即两个蒙版图形重叠的部分变为透明，保留其余部分。

蒙版属性

"蒙版"下包含的属性如图5-9所示。

"蒙版路径"可以在"蒙版形状"对话框中指定"蒙版路径"的大小和形状。

"蒙版羽化"通过自定义距离来对蒙版边缘进行柔化处理。默认情况下，羽化宽度跨蒙版边缘，一半在内，一半在外。

图5-9

> **提示** 按N键显示选定图层的"蒙版羽化"属性。
> 打开"蒙版羽化"属性旁的"约束比例"按钮，可以按比例约束蒙版水平和垂直方向上的羽化量。

"蒙版不透明度"的数值范围为"0%~100%"，默认情况下作用于蒙版内部区域，不影响蒙版外部区域。在时间轴面板中单击"蒙版"旁的"反转"按钮，反转特定"蒙版"的内部和外部区域。

"蒙版扩展"影响Alpha通道，不影响底层蒙版路径。"蒙版扩展"以像素为单位，扩展实际上是一个偏移量，用于确定蒙版对Alpha通道的影响以及蒙版路径的距离。

案例 手机屏幕内容替换练习

本案例使用钢笔工具在现有的图层上绘制蒙版，将素材画面中手机屏幕的内容更换成其他内容，同时将画面整体缩放，使合成的画面更加统一完整。

扫描图5-10所示二维码可观看教学视频。

图5-10

操作步骤

01 在项目面板空白处双击,导入"蒙版素材 -00.jpg"和"倒计时.mp4"素材。按快捷键 Ctrl+N,新建一个合成,如图 5-11 所示。

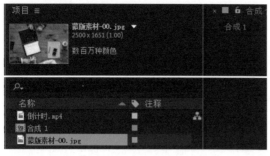

图5-11

02 将项目面板中的"蒙版素材 -00.jpg"拖曳到时间轴面板的"合成1"下,将素材中手机屏幕画面换成导入的"倒计时.mp4"视频素材。使用钢笔工具在查看器面板中绘制蒙版,对手机屏幕进行抠取,如图 5-12 所示。

图5-12

03 蒙版绘制完毕后,查看器面板中只能看到手机屏幕,其余部分消失。在时间轴面板中,单击"蒙版素材 -00.jpg"图层层号前的箭头,展开其"蒙版"属性,勾选"反转"选项。在查看器面板中,手机屏幕变为透明,其他部分显示,如图 5-13 所示。若未显示透明,确认查看器面板下方 ◩ 是否处于选中状态。

图5-13

04 将项目面板中的"倒计时.mp4"拖曳到时间轴面板首层位置。在工具栏中选中选取工具,在查看器面板中,将"倒计时.mp4"图层等比例缩小到合适大小,并放置于手机屏幕内。在时间轴面板中将"倒计时.mp4"图层拖曳到"蒙版素材 -00.jpg"图层下方。此时,查看器面板显示的内容如图 5-14 所示。

图5-14

05 在时间轴面板中选中"倒计时.mp4"图层,按 R 键调整其"旋转"数值,使其角度和手机角度一致。再次缩放"倒计时.mp4"图层,将其调整至和手机屏幕完全匹配,如图 5-15 所示。

图5-15

06 为"倒计时.mp4"图层和"蒙版素材 -00.jpg"图层设置父子级关系,让"倒计时.mp4"图层跟随"蒙版素材 -00.jpg"图层发生变化,为整个项目动画作铺垫。将"倒计时.mp4"图层的父级关联器拖曳到"蒙版素材 -00.jpg"图层,如图 5-16 所示。

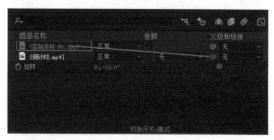

图5-16

07 选中"蒙版素材 -00.jpg"图层，将图层调整到合适的大小及位置，使所有元素在画布内，按快捷键 Ctrl+D，将得到的复制图层命名为"蒙版素材 -00- 复制 .jpg"，如图 5-17 所示。

图5-17

08 选中"蒙版素材 -00- 复制 .jpg"图层，单击图层号前的箭头，展开"蒙版"，删除"蒙版 1"。在工具栏中选中钢笔工具，在查看器面板中绘制蒙版，抠取证书，蒙版绘制完成后如图 5-18 所示。

图5-18

09 为"蒙版素材 -00- 复制 .jpg"图层和 1 "蒙版素材 -00- 复制 .jpg"图层设置父子级关系，将"蒙版素材 -00- 复制 .jpg"图层的父级关联器拖曳到"蒙版素材 -00.jpg"图层，如图 5-19 所示。

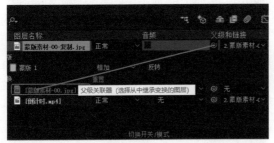

图5-19

10 为"缩放蒙版素材 -00.jpg"图层设置由远而近地拉伸镜头。选中"蒙版素材 -00.jpg"图层，在工具栏中选中锚点工具，将图片的锚点拖曳到手机屏幕中心位置，如图 5-20 所示。

图5-20

11 在时间轴面板中，选中"蒙版素材 -00.jpg"图层，将时间指示器拖曳到 0 帧，按 S 键单击"缩放"前的码表添加关键帧，如图 5-21 所示。

图5-21

12 将时间指示器拖曳到 6 秒，将"缩放"调整为"120.5"，系统在当前时间位置自动生成一个关键帧，如图 5-22 所示。

图5-22

13 为证书设置脱离画面失重的动画效果。选中"蒙版素材 -00- 复制 .jpg"图层，将时间指示器拖曳到 0 帧，按 S 键，单击"缩放"前的码表添加关键帧，如图 5-23 所示。

图5-23

14 将时间指示器拖曳到 6 秒，将"缩放"调整为"130"，系统在当前时间位置自动生成一个关键帧，如图 5-24 所示。

图5-24

15 将时间指示器拖曳到 0 帧，按 P 键，单击"位置"前的码表添加关键帧，如图 5-25 所示。

图5-25

16 将时间指示器拖曳到 6 秒，将"位置"调整为"1863，713.4"，系统在当前时间位置自动生成一个关键帧，如图 5-26 所示。

图5-26

17 将时间指示器拖曳到 0 帧，按 R 键，单击"旋转"前的码表添加关键帧。按 U 键打开所有关键帧属性面板，如图 5-27 所示。

图5-27

18 将时间指示器拖曳到 6 秒，将"旋转"调整为"16"，如果证书有部分位于画布外，需要适当调整"蒙版素材 -00- 复制 .jpg"图层的位置，如图 5-28 所示。

图5-28

19 选中"蒙版素材-00.jpg"图层,单击鼠标右键,在弹出的菜单中执行"效果-颜色校正-曲线"命令,如图5-29所示。

图5-29

20 将时间指示器拖曳到0帧,在效果控件面板中,单击"曲线"前的码表,添加关键帧,如图5-30所示。

图5-30

21 在时间轴面板中,将时间指示器拖曳到4秒,在效果控件面板中,调整"曲线"使"蒙版素材-00.jpg"图层整体变暗,如图5-31所示。

图5-31

22 在效果控件面板的空白处,单击鼠标右键,在弹出的菜单中执行"模糊和锐化-高斯模糊"命令,如图5-32所示。勾选"重复边缘像素",画面四周边缘清晰,无模糊溢出效果。

图5-32

23 在时间轴面板中,将时间指示器拖曳到0秒,在效果控件面板中,单击"模糊度"前的码表,添加关键帧。按U键打开所有关键帧属性,如图5-33所示。

图5-33

24 在时间轴面板中,将时间指示器拖曳到6秒,在效果控件面板中,调整"模糊度"属性值,使图片背景整体变模糊,如图5-34所示。

图5-34

25 完善画面细节，为证书加投影效果。在时间轴面板中，选中"蒙版素材-00-复制.jpg"图层，单击鼠标右键，在弹出的菜单中执行"效果-透视-投影"命令，如图5-35所示。

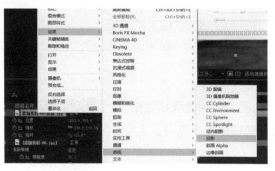

图5-35

26 在时间轴面板中，将时间指示器拖曳到0帧，在效果控件面板中，单击"距离"前的码表添加关键帧，将"距离"调整为"0"，其他数值设置参考图5-36。

图5-36

27 在时间轴面板中，将时间指示器拖曳到6秒，在效果控件面板中，将"距离"调整为"47"，如图5-37所示。

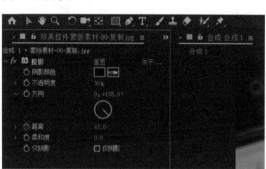

图5-37

28 到此，本案例完成，预览动画，最后合成的画面效果如图5-38所示。

图5-38

本节回顾

扫描图5-39所示二维码可回顾本节内容。

大部分合成工作都会用到蒙版。除了绘制图形和路径外，很多特效都需要蒙版的辅助才能更好地实现，所以掌握蒙版的使用技巧并熟练运用是非常重要的。

图5-39

第2节 蒙版动画

蒙版动画就像是一种"障眼法"，它可以让观众只看到制作者想要展示的部分。在蒙版动画的制作过程中，巧妙运用图片的装饰效果（蒙版形状、前景、边框和阴影），可以有效提高动画视频的艺术感和专业感，这种方式可以瞬间抓住观众的注意力。

案例 1 探照灯效果练习

本案例将讲解如何为影像素材添加动态蒙版动画，利用蒙版特性给蒙版制作关键帧动画，同时对蒙版路径的选择、移动等操作进行练习。

扫描图5-40所示二维码可观看教学视频。

图5-40

操作步骤

01 在项目面板空白处双击，导入"蒙版动画素材01.jpeg"素材。按快捷键Ctrl+N新建合成，调整相应参数，如图5-41所示。

图5-41

02 将"蒙版动画素材01.jpeg"拖曳到时间轴面板中，在查看器面板中拖曳素材的同时按住Shift键，等比缩放素材至画布大小，如图5-42所示。

图5-42

03 在时间轴面板的空白处单击鼠标右键，在弹出的菜单中执行"新建 - 纯色"命令，新建纯色图层，调整图层颜色为黑色，如图5-43所示。

图5-43

04 选中"黑色 纯色 1"图层，按T键将"不透明度"调整为"80"，如图5-44所示。

图5-44

05在工具栏中选中椭圆工具，在查看器面板中按住 Ctrl+Shift 组合键拖曳，以画布中心为圆点，绘制正圆蒙版，在时间轴面板中展开"蒙版"属性，勾选"反转"选项，将"蒙版羽化"调整为"30"，让蒙版边缘产生虚化过度的效果，如图 5-45 所示。

图5-45

06将时间指示器拖曳到 0 帧，单击"蒙版路径"前的码表，添加关键帧。在工具栏中选中选取工具，在查看器面板中双击圆形蒙版轮廓上的一个节点，让圆形蒙版边界变成调整状态，将其拖曳到画布左上角位置，作为探照灯的第一个位置，如图 5-46 所示。

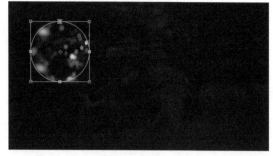

图5-46

07在时间轴面板中将时间指示器拖曳到 1 秒，在查看器面板中双击圆形蒙版轮廓上的一个节点，让圆形蒙版边界变成调整状态，拖曳蒙版图形调整到探照灯的第二个位置，系统会在当前时间位置自动生成一个关键帧，如图 5-47 所示。

图5-47

08按照上述方法，以 1 秒为单位，依次将蒙版图形拖曳到不同位置，生成探照灯节点，最终在 6 秒处将蒙版图形移动画布中心点位置。按空格键预览制作的探照灯效果动画，如图 5-48 所示。

图5-48

提示 将时间线拖曳到工作区开始的位置，按B键确定工作区开始点。
将时间线拖曳到工作区结束的位置，按N键确定工作区结束点。

案例 2 写毛笔字效果练习

本案例将讲解如何创作多层动态蒙版动画，利用蒙版特性给蒙版制作关键帧动画，同时对多个蒙版路径的复制、粘贴、嵌套等操作进行练习。

扫描图5-49所示二维码可观看教学视频。

图5-49

操作步骤

01 按快捷键 Ctrl+N 新建合成，调整相应参数，如图 5-50 所示。

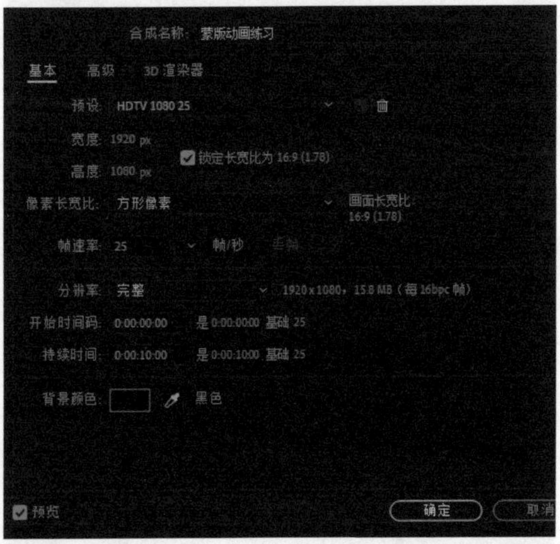

02 在时间轴面板的空白处单击鼠标右键，在弹出的菜单中执行"新建 – 纯色"命令，新建纯色图层，调整图层颜色为类似宣纸的棕黄色，制作宣纸背景，如图 5-51 所示。

图5-50

图5-51

03 在时间轴面板的空白处单击鼠标右键，在弹出的菜单中执行"新建 – 调整图层"命令，新建调整图层，使背景效果更加丰富，如图 5-52 所示。

04 在"调整图层 1"图层上单击鼠标右键，在弹出的菜单中执行"效果 – 颜色校正 – 曲线"命令，在效果控件面板中调整"曲线"，将调整图层颜色调暗，如图 5-53 所示。

图5-52

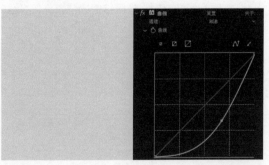

图5-53

05 在时间轴面板中，选中"调整图层 1"图层，在工具栏中，双击椭圆工具，在查看器面板中椭圆蒙版充满画布。在时间轴面板中，展开"调整图层1"图层的"蒙版"属性，勾选"反转"选项，将"蒙版羽化"调整为"850"，如图 5-54 所示。

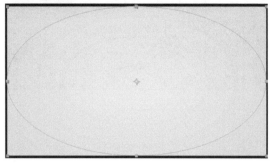

图5-54

07 建立文字并拆分笔画。在时间轴面板的空白处单击鼠标右键，在弹出的菜单中执行"新建 - 文本"命令，新建文本图层，输入文字"天"，如图 5-56 所示。

图5-56

06 同时选中"调整图层 1"图层和"浅色 橙色 纯色 1"图层，按快捷键 Ctrl+Shift+C，在弹出的"预合成"对话框中，为预合成命名，如图 5-55 所示。两个图层合并成为一个预合成。

图5-55

08 按 3 次快捷键 Ctrl+D，将文字图层复制 3 份，得到 4 份一样的文字图层，这是因为"天"字共有 4 个笔画，如果文字有 8 个笔画，那么就要创建 8 个相同的文字图层，每一个笔画为一个文字图层。隐藏 3 个文字图层，选中未隐藏的文字图层，在查看器面板中使用钢笔工具将第一笔笔画圈出，如图 5-57 所示。

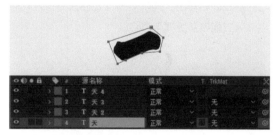

图5-57

09 同理，在其余 3 个图层分别圈出另外 3 个笔画。依次选中 4 个文字图层，按快捷键 Ctrl+Shift+C，将每一个文字图层独立转换成预合成，如图 5-58 所示。若直接对文字图层制作蒙版动画，容易使某个图层的隐藏笔画显露出来，所以将文字图层转化为预合成，每个预合成都是单独的笔画。

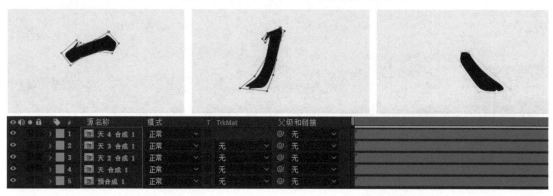

图5-58

10 双击"天4合成1"图层,进入该图层的时间轴面板,单击"天4合成1"图层层号前的箭头,展开"蒙版"属性,按快捷键 Ctrl+C 复制该笔画的蒙版,回到"蒙版动画练习"合成的时间轴面板,选中"天4合成1"图层,按快捷键 Ctrl+V 粘贴,如图 5-59 所示。同理,对其余 3 个笔画进行操作。

图5-59

11 蒙版全部粘贴完成后,假定每一个笔画的书写时间是1秒。将时间指示器拖曳到1秒,依次单击"天1合成1"图层层号前的箭头和"蒙版1"前的箭头,单击"蒙版路径"前的码表,添加关键帧。得到了"天1合成1"的动画完成关键帧,再将时间指示器拖曳到 0 帧,在查看器面板中向左拖曳蒙版,直至"天1合成1"的笔画消失,如图 5-60 所示。这里向左拖曳蒙版至笔画消失,是因为这个笔画在书写时从左向右写出,其余笔画也要根据书写方式拖曳蒙版或拖曳蒙版框架节点。

图5-60

12 用同样的方法将制作剩下的 3 个笔画的动画。剩余 3 个笔画相对第 1 个笔画复杂一些,可创建多个关键帧使笔画依据书写顺序逐渐消失,拖曳各个图层关键帧的位置,如图 5-61 所示。到此,一个运用蒙版动画的毛笔字书写动画就制作完成了。

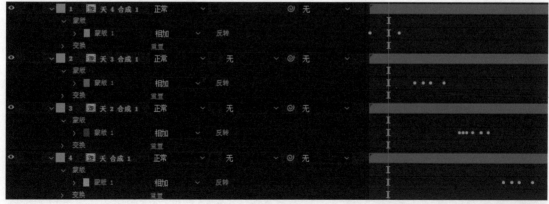

图5-61

13 将4个笔画图层同时选中，按快捷键Ctrl+Shift+C将它们合并为预合成，并命名为"预合成2"，如图5-62所示。这样，文字就变成了一个完整的图层，即可对它进行整体的动画控制，如放大、缩小、位移等。

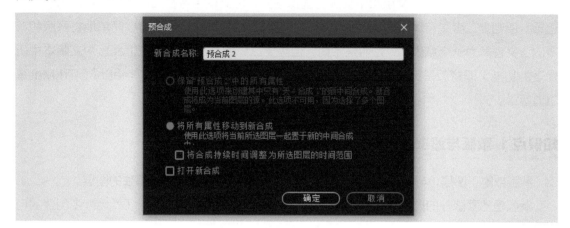

图5-62

14 在时间轴面板中选中"预合成2"图层，将时间指示器拖曳到0帧，按S键，将"缩放"调整为"100"，单击"缩放"前的码表，添加关键帧，如图5-63所示。

图5-63

15 将时间指示器拖曳到10秒，将"缩放"调整为"140"，系统在当前时间位置自动生成一个关键帧，如图5-64所示。

图5-64

16 制作动态背景元素。在时间轴面板的空白处单击鼠标右键，在弹出的菜单中执行"新建-文本"命令，新建文本图层。用直排版工具排入一首古诗，调整字体排版。按T键，将"不透明度"调整为"80"，如图5-65所示。

图5-65

17 为文字图层设置位移动画，让古诗有微微向上移动的效果。选中古诗文字图层，单击鼠标右键，在弹出的菜单中执行"效果-模糊和锐化-高斯模糊"命令，将"模糊度"调整为"20"，按空格键预览完成的动画。渲染输出动画，完成本次练习，如图5-66所示。

图5-66

第3节 遮罩

由于After Effects英文版和中文版的翻译差异，因此使用者在工作中经常会混淆蒙版和遮罩。原则上二者是有区别的，但效果基本上相同。在平时的使用中可以简单地将蒙版和遮罩的含义理解为一个意思，只是叫法不同，但需要区分两个词在After Effects中文版本中所代表的功能。即蒙版是英文版本中的"mask"，遮罩是英文版本中的"matta"，TrkMat是轨道遮罩。

知识点 1 蒙版与遮罩的区别

蒙版依附于图层，与效果、变换一样，作为图层的属性存在，不是单独的图层。

蒙版是把蒙版外的内容去掉，保留蒙版内的内容或者相反，在After Effects中创建的自定义图形，可随意变形。

遮罩作为单独的图层存在，通常是上层遮挡下层。

遮罩是根据图层的颜色值，决定该图层相应像素的透明度，利用固有的图层进行转换，本身无法改变图形样式。

"轨道遮罩"位于时间轴面板"转换控制"窗格中的"TrkMat"菜单。若时间轴面板中无"TrkMat"，检查时间轴面板左下角的"展开或折叠'转换控制'窗格"按钮是否开启，如图5-67所示。

图5-67

知识点 2 遮罩的应用

After Effects的颜色信息包含在3个通道内：红、绿和蓝。另外，图像可包含一个不可见的第4通道，即Alpha通道。Alpha通道包含图片的透明度信息。

在"After Effects合成图像"中查看Alpha通道时，白色表示完全不透明，黑色表示完全透明，灰度表示半透明。

遮罩是一个图层，用于定义该图层或其他图层的透明区域。如果源图像不包含Alpha通道，可以使用遮罩来制作Alpha通道。

轨道遮罩可以遮挡部分图层内容，并显示特定区域的图像内容，相当于一个窗口。

轨道遮罩在视频设计中使用广泛，例如，使用文本图层作为视频图层的轨道遮罩，视频透过文本字符定义的形状显现出来。

如果使用没有Alpha通道的图层创建轨道遮罩，需要根据轨道遮罩的像素亮度定义图层的透明度。

轨道遮罩仅应用于位于其下方的第1个图层。要将轨道遮罩应用于多个图层，需要预合成其下方的多个图层，然后将轨道遮罩应用于预合成图层。

知识点 3 轨道遮罩详解

在时间轴面板中，拖曳用作轨道遮罩的图层至用作填充图层的上方。从填充图层的"TrkMat"下拉框中选中某个选项，为轨道遮罩定义透明度。此时，"模式"与"TrkMat"显示为"轨道遮罩"，如图5-68所示。

图5-68

"没有轨道遮罩"指不创建遮罩关系。

"Alpha 遮罩XX"和"Alpha 反转遮罩XX"选项根据"XX"图层的Alpha通道像素值进行遮罩。

"亮度遮罩XX"和"亮度反转遮罩XX"选项根据"XX"图层像素的亮度值进行遮罩。

使用Alpha遮罩后，遮罩的透显程度受到自身不透明度影响，但是不受亮度影响。遮罩层不透明度和透显程度成正比，遮罩层透明度越低，显示出的内容越清晰。

亮度遮罩与Alpha遮罩不同，它读取的是遮罩层的亮度（明度）信息。

选择"没有轨道遮罩"之外的选项，上层的图层转换为轨道遮罩图层，且图层前的"眼睛"消失，下层的图层为填充图层，且图层前的"眼睛"中出现一个圆点，两个图层名称前会出现相应的图标，如图5-69所示。

图5-69

案例 动感文字转场练习

本案例将利用通道和遮罩的特性，制作镜头衔接的转场，使前后不同景别的镜头得到和谐的过渡。首先将两个需要衔接的镜头导入After Effects时间轴面板，前镜头在最下层，后镜头在最上层，用文字动画层作为过渡层，再结合生动的动画素材，完成转场制作。

扫描图5-70所示二维码可观看教学视频。

图5-70

操作步骤

01 在项目面板空白处双击，导入"新生"和"烟火"视频素材。按快捷键Ctrl+N新建合成，调整相应参数，如图 5-71 所示。将项目面板中的"新生"和"烟火"拖曳到时间轴面板中，隐藏"新生"图层。

图5-71

02 在空白处单击鼠标右键，在弹出的菜单中执行"新建 - 文本"命令，新建文本图层，输入英文"WELCOME TO THE WORLD"，并对英文进行简单的排版，如图 5-72 所示。

图5-72

03 在时间轴面板中调整图层顺序为文字图层、"新生"图层和"烟火"图层，并显示所有图层。将文字转换为通道，显示"新生"的内容。选中"新生"图层，在该图层的"轨道遮罩"下拉框中选择"Alpha 遮罩WELCOME TO THE WORLD"，效果如图 5-73 所示。

图5-73

04 此时英文字母出现效果较为生硬，因此要为其添加动画。在效果和预设面板中，展开"动画预设 -Text-Blurs"，选中"蒸发"预设，将其拖曳到时间轴面板的文字图层，如图 5-74 所示。

图5-74

05 按 U 键展开的关键帧为"蒸发"预设中的关键帧，预览文字动画效果，英文逐渐消失而不是汇聚。选中 0 帧的关键帧，将其拖曳到 3 秒 22 帧左右，选中另一个关键帧，将其拖曳到 2 秒，如图 5-75 所示。

图5-75

06 为了使英文显得活泼一些，为英文添加抖动效果。将时间指示器拖曳到4秒12帧，在效果和预设面板中，展开"动画预设 -miscellaneous"，选中"连续跳跃"预设，并将其拖曳到文字图层，如图 5-76 所示。

图5-76

07 在项目面板空白处双击，导入"动画烟雾"图片序列素材，勾选"PNG序列"选项，如图5-77所示。

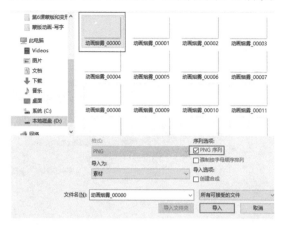

图5-77

08 在项目面板中，选中"动画烟雾"，单击鼠标右键，执行"解释素材-主要"命令，将"假定此帧速率"调整为"25"，如图5-78所示。

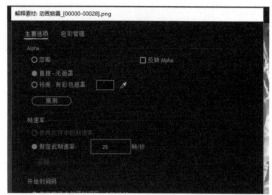

图5-78

09 将项目面板中的"动画烟雾"拖曳到时间轴面板的首层，将"动画烟雾"工作区拖曳到6秒左右，如图5-79所示。

图5-79

10 选中"新生"图层，按快捷键Ctrl+D复制图层。将复制的图层拖曳到"动画烟雾"图层下，在"轨道遮罩"下拉框中选择"Alpha遮罩动画烟雾"，效果如图5-80所示。

图5-80

11 预览动画，在"动画烟雾"图层工作区结束时，"新生"视频也随之结束，如图5-8l所示。将时间指示器拖曳到"动画烟雾"图层工作区结束的位置，选中"新生-复制"图层，按快捷键Ctrl+Shift+D，"新生-复制"图层在时间指示器位置被截断，且被截断的后半段被复制为新的一层，将其拖曳到"动画烟雾"图层下，并取消轨道遮罩。

图5-81

12 此时，预览动画，文字遮罩动画结束后，为"新生"视频片段。为英文添加细节动画，再次添加"蒸发"预设，使文字之间扩展时有蒸发的感觉。将时间指示器拖曳到6秒5帧左右，将"效果和预设"面板中的"蒸发"效果拖曳到文字图层，如图5-82所示。预览动画，适当调节各个关键帧位置，使动画更完美。

图5-82

13 文字遮罩动画中的英文字母是暖色调的，烟火背景也是暖色调的，两个画面元素色彩比较接近，所以英文不突出。在时间轴面板中，选中"烟火"图层，单击鼠标右键，在弹出的菜单中执行"效果 – 颜色校正 – 色相 / 饱和度"命令，如图 5-83 所示。

图5-83

14 在效果控件面板中将"主色相"调整为"-209°"，烟火背景变为绿色，如图 5-84 所示。

图5-84

本节回顾

扫描图 5-85 所示二维码可回顾本节内容。

图5-85

第 **6** 课

抠像

"抠像"对视觉效果影响极大，随着视频内容的崛起，无论是国际大片、电视剧、综艺节目还是网络视频，对抠像技术的需求越来越大，对质量的要求也越来越高。

本课主要从最基础的抠像原理入手，结合实际案例讲解不同情况下、不同难度画面的抠像技巧。

第1节 Roto笔刷抠像

Roto 笔刷工具位于工具栏，如图 6-1 所示，常用于抠像，使前景主体（如演员）与

图6-1

背景分开。抠像是许多合成工作中的关键步骤。在已经创建用于隔离对象的遮罩后，可以替换背景，有选择地为前景应用不同的效果，以及执行其他更多的操作。

知识点 Roto 笔刷抠像的应用

Roto 笔刷工具是抠像工作中众多解决方案中的一种，在抠除比较复杂的场景时经常用到，使用效果类似 Photoshop 中的魔棒工具。

Roto 笔刷工具适用于动态抠像，在前景和背景元素的典型区域中进行描边，随后 After Effects 会使用该信息在前景和背景元素之间创建分段边界，进行动态匹配，在抠取景深画面时非常有效。

在现实工作中，Roto 笔刷工具常用在广告片或宣传片的合成镜头中，它在处理非蓝、绿背景的抠像素材时，能大大提高工作效率。

案例 Roto 笔刷抠像练习

本案例是为现有视频素材进行包装合成的练习。利用Roto 笔刷工具将前景物天鹅抠出，在天鹅和水面之间合成文字动画，使文字动画生动且自然地融入整个视频素材。本案例将涉及3D图层和摄像机图层的知识，在此只讲操作不进行细致讲解。本书第10课，将针对3D图层和摄像机图层进行详细讲解。

图6-2

扫描图6-2所示二维码可观看教学视频。

操作步骤

01 在项目面板的空白区域双击，导入"抠像练习 - 笔刷抠像"视频素材，将视频素材拖曳到时间轴面板中，如图 6-3 所示。

02 在工具栏中选中 Roto 笔刷工具。在时间轴面板中双击"抠像练习 - 笔刷抠像"图层，此时查看器面板为图层面板，如图 6-4 所示。

图6-3

图6-4

03 将素材放大显示，按住鼠标左键划选素材中的天鹅，系统会根据划选的区域自动运算选区范围。长按 Ctrl 键并按住鼠标左键在面板中上下滑动，调节 Roto 笔刷大小。如果笔刷框选区域超出天鹅轮廓，可以长按 Alt 键并按住鼠标左键在超出区域滑动，减选超出天鹅轮廓的区域，直至天鹅全部框选，如图 6-5 所示。

图6-5

04 在时间轴面板中，将时间指示器拖曳到 2 秒，按 N 键，将"抠像练习 – 笔刷抠像"图层的工作区域调整为 0 秒 ~2 秒。按空格键预览动画，在查看器面板中能看到，Roto 笔刷工具框选出来的区域正在进行动态匹配，但会出现细节部分匹配不完全的情况，如图 6-6 所示。这就需要逐帧修改框选的天鹅区域，直至每帧都可以完整框选出天鹅区域。

图6-6

05 为使天鹅边界不过于生硬，在效果控件面板中，将"Roto 笔刷羽化值"调整为"8"。预览动画，每帧的天鹅全部匹配完成后，单击查看器面板右下角的"冻结"按钮，缓存、锁定并保存 Roto 笔刷的信息，如图 6-7 所示。在查看器面板中切换为合成面板，画面中只有一只天鹅，天鹅和水面已经完全脱离。

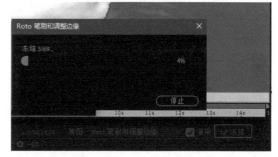

图6-7

06 在项目面板中，将"抠像练习 – 笔刷抠像"视频素材再次拖曳到时间轴面板中的最下层，如图 6-8 所示。水面出现，接下来制作水面上的文字。

图6-8

07 在时间轴面板中，单击鼠标右键，在弹出的菜单中执行"新建 – 文本"命令，输入《咏鹅》，并进行简单的排版，将文字图层拖曳到两个图层之间，如图 6-9 所示。

图6-9

08 选中文本图层，按 S 键，将"缩放"调整为"160"，如图 6-10 所示。单击文字图层后的"3D 图层"按钮，将文字图层转化为 3D 图层。

图6-10

09 在时间轴面板的空白处单击鼠标右键，在弹出的菜单中执行"新建 - 摄像机"命令，如图 6-11 所示。在"摄像机设置"对话框中将"预设"调整为"50 毫米"。

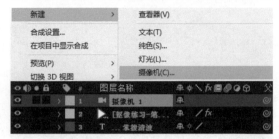

图6-11

10 打开文字旋转属性，使文字在 3D 空间中进行透视匹配。选中文字图层，按 R 键，将"X 轴旋转"调整为"-45"，将"Y 轴旋转"调整为"+3"，将"Z 轴旋转"调整为"+30"，如图 6-12 所示。

图6-12

11 在查看器面板中看到文字有些偏小，需要放大文字，使文字充满水面。按 S 键，将"缩放"调整为"231"，如图 6-13 所示。

图6-13

12 在文字图层的"模式"下拉框中选择"叠加"，使文字和视频素材叠加在一起，为文字设置位移动画。将时间指示器拖曳到 0 帧，按 P 键，单击"位置"前的码表添加关键帧，如图 6-14 所示。

图6-14

13 将时间指示器拖曳到 2 秒，将"位置"调整为"1327.7，128，355.6"，系统在当前时间位置自动生成关键帧。预览动画，完成本次练习，如图 6-15 所示。

图6-15

本节回顾

扫描图 6-16 所示二维码可回顾本节内容。

调整匹配过程中，经常出现无法识别轮廓而走样的现象，这时就需要在无法识别的那一帧暂停，继续用 Roto 笔刷划选边界，这项工作需要读者有足够的耐心和精益求精的精神。

图6-16

第2节 绿幕抠像

"抠像"一词来自于早期的电视制作工作。英文为"Key"，意思是吸取画面中的某一种颜色，将它变为透明色，从而将它从画面中抠去，使背景透出来，形成两层画面的叠加合成。这样，在室内拍摄的人物画面经抠像后可以与各种景物叠加在一起，从而形成神奇的艺术效果。

After Effects 中抠像的相关工具位于"效果 – 抠像"中，用于抠出颜色一致的背景，如图 6-17 所示。

"Keylight"位于"效果 –Keying"，如图 6-18 所示。

After Effects 内置了多个抠像效果，其中"Keylight"效果在制作专业品质的抠色效果方面表现尤为出色。它易于使用并且非常擅长处理反射、半透明区域与头发，可以精确地控制残留在前景对象上的蓝幕或绿幕反光，并将它们替换成新合成背景的环境光。

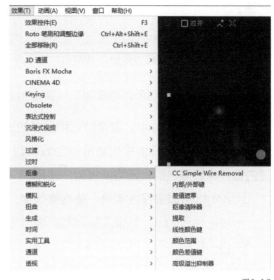

图6-17

图6-18

知识点 1 抠像的应用

抠像，也被称为抠色和色度抠像，是指将图像中特定颜色值或亮度值定义为透明。通常来说，抠出某个值就是将某个颜色或明亮度值以及与该值类似的所有像素变为透明。

用户通过抠像可轻松替换背景，这在由于使用复杂的物体而无法轻松进行遮蔽时非常有用。将某个已抠像的图层置于另一图层上时，将生成一个合成，其中的背景将在该抠像图层透明时显示。

在影片中，经常能够看到采用抠像技术制作的合成，如演员悬挂在直升飞机外面或漂浮在太空中的场景。为创建此效果，演员在影片拍摄中应位于纯色背景前的适当位置，后期再抠出背景色，并将包含该演员的场景合成到新背景上。

抠出纯色背景的技术通常称为蓝屏或绿屏。从原理上讲，只要背景所用的颜色在前景画面中不存在，用任何颜色做背景都可以。但实际上，最常用的是蓝背景和绿背景两种。原因是：人体的自然颜色中不包含这两种色彩，用它们做背景不会和人物混在一起；同时，这两种颜色是RGB系统中的原色，也比较方便处理。

我国一般用蓝背景，在欧美国家，绿背景和蓝背景都经常使用，尤其在拍摄人物时常用绿背景，这是因为很多欧美人的眼睛是蓝色的。红色背景通常用于拍摄非人类对象，如汽车和宇宙飞船的微型模型。在一些因视觉特效出众而闻名的电影中，一般都使用了洋红背景进行抠像。

> **提示** 为了便于后期制作时提取通道，在使用蓝、绿背景拍摄时，有一些问题需要考虑周到：前景物体上不能包含所选用的背景颜色，必要时可以选择其他背景颜色；背景颜色必须一致，光照均匀，要尽可能避免背景颜色和光照深浅不一。

总之，前期拍摄时考虑得越周密，后期制作越方便，效果也越好。

在After Effects中，抠像时运用最多的工具之一就是"Keylight"。

虽然After Effects中内置的抠色效果对于某些用途来说非常有用，但是，在尝试使用这些内置抠像效果之前，还需要先尝试使用"Keylight"抠像。

Keylight可以很好地实现一些抠像效果，如抠色效果和亮度抠像效果。

一般把Keylight、抠像清除器和高级溢出抑制器这3款工具组合起来使用的工作流程，称为"三合一抠像法"。

知识点 2 抠像的技巧

目前基于绿背景或蓝背景的抠像工作，绝大部分都会选择"Keylight"来完成。选取抠像颜色后，系统将对画面进行识别，抠掉选中的颜色。在屏幕蒙版模式下，调整Alpha通道的黑、白、灰3种颜色能抠出满意的效果。黑色表示完全透明，白色表示完全不透明，灰色表示半透明。方法和主要参数调整如下。

选中需要调整的图片或视频图层，执行"效果-Keying-Keylight"命令，添加"Keylight"特效。在"Screen Colour"屏幕颜色选项上，用吸管工具吸取需要抠除的颜色（即需要变为透明的颜色，如绿屏），如图6-19所示。

图6-19

调整"Screen Pre-blur"屏幕预模糊参数的值，该值不能调得太大，否则将会损失图像边缘的细节。应根据实际情况将数值调整到合适的效果，使图像的边缘更柔和，如图6-20所示。

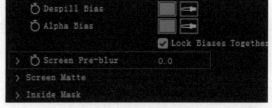

图6-20

切换到"Screen Matte"屏幕遮罩选项，进一步调整抠像范围。白色区域代表保留下来的部分，黑色区域表示被抠掉的部分。通过调整"Clip Black"剪辑黑色和"Clip White"剪辑白色两个参数的值，可使素材中灰色的地方变为黑色或是白色，如图6-21所示。

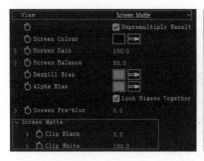

图6-21

如果此时在"Screen Matte"屏幕遮罩选项中，白色通道仍然残留一些无法去除的灰色杂点，可以尝试调整"Screen Despot Black"屏幕填充黑色，这个属性可以有效地去除掉那些杂点，如图6-22所示。

图6-22

在"View"（视图）模式中，将显示模式切换成"Final Result"（最终结果），观察抠像后的完成效果，如果图像边缘存在杂点或者黑边，尝试调节"Screen Shrink/Grow"（屏幕收缩/扩张），对图像的边缘进行反溢出调整。建议参数调整得不要过高，否则会导致边缘细节的损失，如图6-23所示。

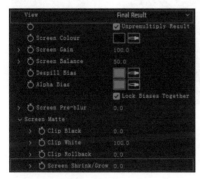

图6-23

案例 绿幕抠像练习

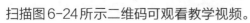

本案例通过使用"Keylight"，对使用绿背景拍摄的视频素材进行抠像合成，在练习过程中对"三合一抠像法"（"Keylight"+"抠像清除器"+"高级溢出抑制器"）进行了详细的讲解，帮助读者了解并掌握抠像的原则和技巧。

扫描图6-24所示二维码可观看教学视频。

图6-24

操作步骤

01 在项目面板的空白区域，双击导入"抠像练习01"视频素材，将"抠像练习01"拖曳到时间轴面板中，如图6-25所示。

图6-25

02 对画面进行颜色校正，保证抠像过程顺利。选中"抠像练习01"图层，单击鼠标右键，在弹出的菜单中执行"效果–颜色校正–色阶"命令，对"直方图"进行调整，如图6-26所示。

图6-26

03 执行"效果–Keying–Keylight"命令，将"Screen Colour"调整为绿色，使用吸管工具吸取需要抠除的绿色，屏幕背景变为透明，如图6-27所示。但画面中还会存在一些未被清除的色斑。

图6-27

04 进一步对抠像进行调整。将"View"设置为"Screen Matte"切换视图观察模式，如图6-28所示。黑色为需要抠除掉的内容，白色为保留内容，灰色部分需要经过处理消除掉。

图6-28

05 在消除灰色噪点的同时保留更多边缘信息。将"Screen Matte"下面的"Clip Black"调整为"22"，将"Clip White"调整为"70"，如图6-29所示。

图6-29

06 调节 Alpha 通道边缘，使人物边缘的小瑕疵消失。将"View"调整为"Final Result"，将"Screen Matte"下的"Screen Shrink/Grow"（边缘的放缩）调整为"-1.3"，如图6-30所示。

图6-30

07 对人物频闪边缘进行处理。选中"抠像练习01"图层,单击鼠标右键,在弹出的菜单中执行"效果-抠像-抠像清除器"命令。将"其他边缘半径"调整为"08","Alpha对比度"调整为"30",如图6-31所示。

图6-31

08 去除主体人物身上环境光。选中"抠像练习01"图层,单击鼠标右键,在弹出的菜单中执行"效果-抠像-高级溢出抑制器"命令,放大画面查看效果,如图6-32所示。

图6-32

09 在效果和预设面板中输入"key",可以找到"三合一抠像法",即"Keylight+抠像清除器+高级溢出抑制器"动画预设,如图6-33所示。

图6-33

10 在项目面板的空白区域双击,导入"街道"视频素材,将视频素材拖曳到时间轴面板中"抠像练习01"图层下,如图6-34所示。

图6-34

11 选中"抠像练习01"图层,单击鼠标右键,在弹出的菜单中执行"效果-颜色校正-曲线"命令。降低前景物明度,固定亮部,将暗部调暗。利用Alpha通道色彩通道,调整"蓝色""红色"通道曲线,如图6-35所示。

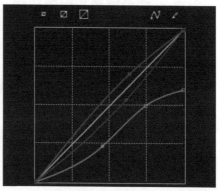

图6-35

本节回顾

扫描图6-36所示二维码可回顾本节内容。

1.在尝试使用After Effects中内置的抠像效果之前，应先尝试使用"Keylight"抠像。

2.在使用"Keylight"抠像前，有时需要使用"色阶""曲线"等色彩校正工具对素材进行微调。

图6-36

3.如果背景颜色不一致或者不容易分辨，则无法使用抠像效果移除背景。在此情况下，需要使用动态抠像（在各个帧上手动绘制），将前景对象与其背景隔离开。

4.在对各种效果内的选项进行调整时，不要将数值调整得很大，适度即可。

第3节 动态蒙版抠像

After Effects 中的动态蒙版抠像主要是通过绘制蒙版，对蒙版路径进行动画制作，然后使用这些蒙版定义遮罩。

知识点 1 动态蒙版抠像的应用

动态蒙版抠像是使用影片中的视觉元素作为参考，在影片的帧上绘制或绘画。

常用的动态蒙版抠像是围绕影片中的对象进行路径跟踪，并使用该路径作为将对象与其背景分开的蒙版。对象和背景分开后，方便执行操作，可以将不同效果应用于对象或为对象替换背景。

知识点 2 动态蒙版和蒙版动画

动态蒙版抠像与之前讲到的蒙版动画在操作流程上基本相同，但是两者的最终效果和使用目的完全不同。

动态蒙版抠像的目的是抠像，在绘制蒙版时，路径需要与抠像素材边缘进行精准的匹配，将素材中的主体与背景分离。

蒙版动画则是利用蒙版的路径动画特性，对素材进行遮挡合成，对绘制蒙版路径的精度要求不高。

案例 动态蒙版抠像练习

本次案例通过使用动态蒙版抠像讲解抠像的原则和技巧。

扫描图6-37所示二维码可观看教学视频。

操作步骤

01 在项目面板的空白区域双击，导入"抠像练习 - 动态蒙版01"和"背景01"视频素材，将"抠像练习 - 动态蒙版01"视频素材拖曳到时间轴面板中，如图6-38所示。

图6-38

02 将时间指示器拖曳到10秒，按N键将工作区域调整为10秒，在工作区条上单击鼠标右键，在弹出的菜单中执行"将合成修剪至工作区域"命令，合成的时长变为10秒，如图6-39所示。

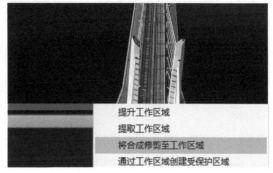

图6-39

03 在时间轴面板中选中"抠像练习 - 动态蒙版01"图层，将时间指示器拖曳到0帧，在工具栏中选中钢笔工具，在查看器面板中勾选大桥轮廓，如图6-40所示。

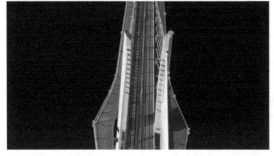

图6-40

04 勾选完成后，在时间轴面板中，展开"蒙版 - 蒙版1"，单击"蒙版路径"前码表添加关键帧，将时间指示器拖曳到2秒的位置，此时蒙版与大桥发生错位，如图6-41所示。

图6-41

05 以2秒为一个节点设置关键帧，将蒙版与大桥匹配。如果出现两个关键帧之间没有匹配的情况，可将时间指示器拖曳到两个关键帧中间，对蒙版部分节点进行调整，如图6-42所示。

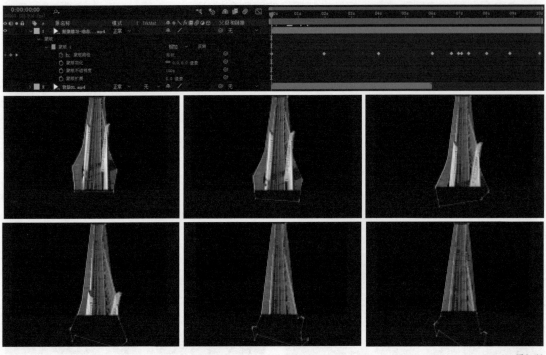

图6-42

06 打开查看器面板下方的"切换透明网格"开关，这时画面中的大桥已经通过"运动蒙版"完成了抠像，拥有了通道，如图6-43所示。

图6-43

07 将项目面板中的"背景01"视频素材拖曳到时间轴面板"抠像练习 - 动态蒙版01"图层的下方。预览动画，完成本次练习，如图6-44所示。

图6-44

本节回顾

扫描图6-45所示二维码可回顾本节内容。

图6-45

第 **7** 课

跟踪、稳定和抖动

跟踪、稳定和抖动是作品呈现出的效果。跟踪器可以实现跟踪的效果；稳定器可以实现稳定画面的效果；摇摆器用于制作抖动效果。

本课将讲解跟踪器、稳定器和摇摆器的相关知识以及在项目中的具体运用。

第1节 跟踪运动

跟踪运动在影视后期、片头制作中能起到非常关键的作用，它可以将后期制作的元素完美地融入视频。After Effects 中的跟踪器可以跟踪动态素材中的某个或多个指定的像素点，然后将跟踪的结果作为路径，进行各种特效处理。

知识点 1 跟踪运动的应用

跟踪，就是跟随画面中的某个物体做特效。在影视剧中经常能看到运用"跟踪运动"来表现合成效果的画面，如魔法师手中挥舞的火焰、手机或电视屏幕里被替换掉的画面、被摧毁的著名建筑物等。

After Effects 可以将某个帧中选定区域的图像数据与每个后续帧中的图像数据进行匹配，来实现跟踪运动。同一跟踪数据可以应用于不同的图层或效果。此外，After Effects 还可以跟踪同一图层中的多个对象。

知识点 2 跟踪运动的详解

执行"窗口 - 跟踪器"命令，可调出跟踪器面板，如图 7-1 所示。

在跟踪器面板中可以对跟踪运动进行设置、启动和应用。在时间轴面板中可设置跟踪点来指定要跟踪的区域，可对跟踪属性进行修改执行管理和链接等。每个跟踪点包含一个特性区域、一个搜索区域和一个附加点。一个跟踪点集就是一个跟踪器。

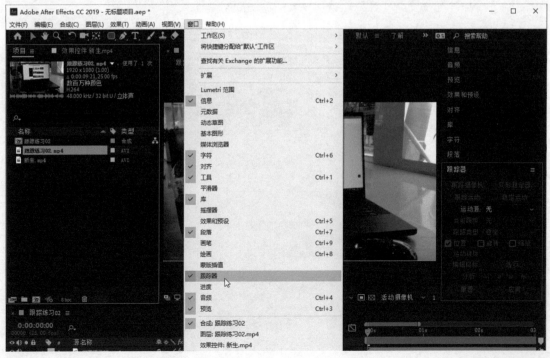

图7-1

查看器面板中的跟踪点

图7-2中，A为搜索区域，B为特性区域，C为附加点。

搜索区域定义为查找跟踪特性而要搜索的区域。

特性区域定义图层中要跟踪的元素，应围绕一个与众不同的可视元素，如颜色或明暗对比强烈，最好是一个现实世界中的对象。

附加点指定目标的附加位置，以便与跟踪图层中的运动特性进行同步。

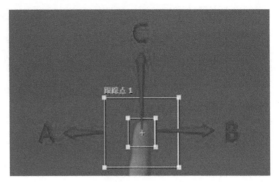

图7-2

跟踪的方式

单点跟踪可以跟踪剪辑中一个明显的像素点。要确保此像素点从头到尾都在画面范围内，且一直比较明显，变化不大。将此像素点作为跟踪点，来记录位置数据。

两点跟踪可以跟踪剪辑中的两个参考样式，并使用两个跟踪点之间的关系来记录位置、缩放和旋转数据。

四点跟踪或边角定位跟踪可以跟踪剪辑中的4个参考样式来记录位置、缩放和旋转数据。跟踪素材在跟踪过程中会有透视变化。

多点跟踪可以在剪辑中随意跟踪多个参考样式。

跟踪器面板

"运动源"包含要跟踪运动的图层。

"当前跟踪"是活动跟踪器，在此选择跟踪器，如图7-3所示。

"跟踪类型"包含"稳定""交换""平行边角定位"和"透视边角定位"，如图7-4所示。

"平行边角定位"跟踪"倾斜"和"旋转"。

"透视边角定位"跟踪图层中的倾斜、旋转和透视变化。

图7-3

"运动目标"可以应用于跟踪数据的图层或效果控制点。After Effects 可以向目标添加属性和关键帧以移动或稳定目标。单击"编辑目标"可更改目标。

"分析按钮"可以开始对源素材中每一帧的跟踪点进行分析。

向后分析1个帧◀▌：通过返回上一帧来分析当前帧。

向后分析◀：从当前时间指示器向后分析到已修剪图层持续时间的开始。

向前分析 ▶：从当前时间指示器向前分析到已修剪图层持续时间的结束。

图7-4

向前分析 1 个帧 ▶ ：通过前进到下一帧来分析当前帧。

"重置"可以恢复特性区域和搜索区域，将点附加在其默认位置，以及删除当前所选跟踪中的跟踪数据。已应用于目标图层的跟踪器控制设置和关键帧将保持不变。

"应用"可以将跟踪数据（以关键帧的形式）发送到目标图层或效果控制点。

案例 1　跟踪运动练习

本案例将运用单点跟踪技术，通过使用"跟踪运动"中的"变换"，为视频素材中人物的手指做跟踪运动。在制作过程中，对调整跟踪点和校对跟踪运动进行分析和练习，了解并掌握跟踪运动的多种跟踪方法和使用技巧。

扫描图 7-5 所示二维码可观看教学视频。

图7-5

操作步骤

01 执行"文件 - 导入"命令，导入"跟踪练习01"视频素材。在项目面板中，将视频素材拖曳到"新建合成"按钮处，创建合成，如图 7-6 所示。在界面中若没有跟踪器面板，执行"窗口 - 跟踪器"命令，调出跟踪器面板。

图7-6

02 选中"跟踪练习01"图层，将时间指示器拖曳到 5 秒 1 帧，单击跟踪器面板中的"跟踪运动"按钮，在查看器面板中调整搜索区域和特性区域的范围及位置，在跟踪器面板中单击"向前分析"按钮，分析跟踪轨迹，如图 7-7 所示。

图7-7

03 单击"向后分析"按钮，分析视频 5 秒 1 帧之前的跟踪轨迹，如图 7-8 所示。从打响指开始分析跟踪轨迹即可，多余轨迹可删除。

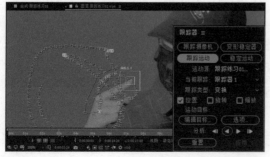

图7-8

04 在时间轴面板中，选中"跟踪练习01"图层，按 U 键显示该图层的所有关键帧信息，手动逐帧调整跟踪轨迹中偏移的位置，直至跟踪轨迹无偏移，如图 7-9 所示。

图7-9

05 将空对象与运动路径相匹配。在时间轴面板的空白处单击鼠标右键，在弹出的菜单中执行"新建 - 空对象"命令，单击跟踪器面板中的"编辑目标"按钮，选择"运动目标"为"空对象"，如图 7-10 所示。

图7-10

06 将步骤01~步骤04运算出的路径信息适配给"空对象"。单击跟踪器面板中的"应用"按钮，选择"应用维度"为"X 和 Y"，如图 7-11 所示。

图7-11

07 在手指上添加素材。执行"文件 - 导入"命令，导入"火"视频素材。将"火"拖曳到时间轴面板中，将其"模式"调整为"相加"，如图 7-12 所示。

图7-12

08 在查看器面板中将"火"视频素材拖曳到与手指匹配的位置，并与"空对象"图层进行父子链接，如图 7-13 所示。

图7-13

09 将火焰设置为打响指之后出现。选中"火"图层，将时间指示器拖曳到1秒14帧，按S键，将"缩放"调整为"0"，单击"缩放"前的码表添加关键帧，如图 7-14 所示。

图7-14

10 将时间指示器拖曳到1秒16帧，将"缩放"调整为"100"，如图 7-15 所示。火焰从1秒14帧开始出现。

图7-15

11 抠取人物素材。在时间轴面板中选择"跟踪练习01"素材层，执行"效果-Keying-Keylight"命令，在效果控件面板中，使用"Screen Colour"的吸管工具吸取需要抠除的绿色，背景变为透明，如图7-16所示。

图7-16

12 切换视图观察模式，进一步高效地调整抠像。将"View"调整为"Screen Matte"模式。查看器面板中，黑色部分为要抠除掉的内容，白色部分为要保留的内容，如图7-17所示。

图7-17

13 消除灰色噪点，同时保留更多边缘信息。将"Screen Matte"下的"Clip Black"调整为"28"、"Clip White"调整为"80"，将"View"调整为"Final Result"，如图7-18所示。

图7-18

14 单击鼠标右键，在弹出的菜单中执行"颜色校正-色阶"命令。将"色阶"拖曳到"Keylight"下方，将"输入黑色"调整为"4626.1"，将"灰色系数"调整为"0.99"，如图7-19所示。

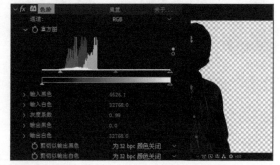

图7-19

15 调节 Alpha 通道边缘，案例中为人物的边缘。将"View"调整为"Final Result"模式，将"Screen Matte"下的"Screen Shrink/Grow"调整为"-1.9"，如图7-20所示。

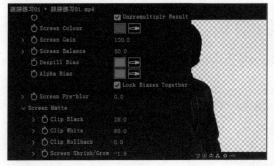

图7-20

16 执行"文件-导入"命令，导入"背景03"视频素材，将"背景03"拖曳到时间轴面板中"跟踪练习01"图层之下，如图7-21所示。

图7-21

17 选中"跟踪练习 01"图层，单击鼠标右键，在弹出的菜单中执行"效果－颜色校正－曲线"命令，在效果控件面板中调整曲线，如图7-22所示。

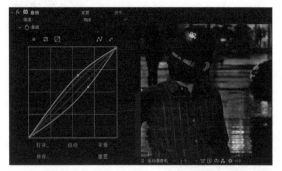

图7-22

18 在时间轴面板中，选中"背景 03"图层，单击鼠标右键，在弹出的菜单中执行"效果－模糊和锐化－高斯模糊"命令，在效果控件面板中将"模糊度"调整为"5"，如图7-23所示。

图7-23

19 选中"跟踪练习 01"图层，按快捷键 Ctrl+D 复制图层。选中复制得到的图层，删除其"Keylight""色阶"和"曲线"，将时间轴拖曳到 1 秒 16 帧处，按快捷键 Ctrl+Shift+D，将其以当前的时间为分界切开，删除后半部分的内容，如图7-24所示。

图7-24

20 选中"跟踪练习 01"图层，按快捷键 Ctrl+Shift+D，将"跟踪练习 01"图层以当前的时间为分界切开，删除前半部分的内容。将时间指示器拖曳到 1 秒 16 帧前，效果如图7-25所示。1 秒 16 帧后出现调整后的人物与背景。

图7-25

21 将时间指示器拖曳到 1 秒 16 帧，选中"背景 03"图层，按快捷键 Ctrl+Shift+D，将"背景 03"图层以当前的时间为分界切开，删除前半部分的内容。此时，以 1 秒 16 帧为分界，之前只有绿幕与人物；之后绿幕消失，变为一个人在喧闹的街道上表演火焰魔术的场景。预览动画，完成本次练习，如图7-26所示。

图7-26

案例 2 四点跟踪练习

本案例通过使用"跟踪运动"中的"透视边角定位",为视频素材中电脑显示屏的4个边角做跟踪运动,并为其合成跟踪适当的素材效果。

扫描图7-27所示二维码可观看教学视频。

图7-27

操作步骤

01 执行"文件 - 导入"命令,导入 "跟踪练习02"和"新生"视频素材,将"跟踪练习02"视频素材拖曳到"新建合成"按钮,如图7-28所示。

图7-28

02 执行"窗口 - 跟踪器"命令,调出跟踪器面板,单击跟踪器面板中的"跟踪运动"按钮,并将"跟踪类型"设置为"透视边角定位",如图7-29所示。

图7-29

03 将4个跟踪点锁定在笔记本屏幕的4个边角处,如图7-30所示。

图7-30

04 单击跟踪器面板中的"向前分析"按钮,查看跟踪效果,确保无跳帧现象,如图7-31所示。

图7-31

05 将"新生"视频素材拖曳到时间轴面板中,双击"跟踪练习02"视频素材,如图7-32所示。

图7-32

06 在跟踪器面板中,单击"编辑目标"按钮,将"运动目标"调整为"新生"图层,单击"应用"按钮,如图7-33所示。

图7-33

07 完善视频细节。选中"新生"图层，单击鼠标右键，在弹出的菜单中执行"效果 - 模糊和锐化 - 高斯模糊"命令，在效果控件面板中将"模糊度"调整为"4.0"，如图7-34所示。

08 在空白处单击鼠标右键，在弹出的菜单中执行"杂色和颗粒 - 添加颗粒"命令，将"查看模式"调整为"最终输出"，如图7-35所示。

图7-34

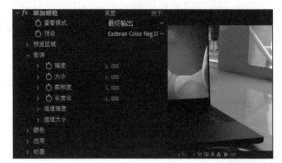

图7-35

09 降低素材亮度。在空白处单击鼠标右键，在弹出的菜单中执行"色彩校正 - 曲线"命令，调整"曲线"，如图7-36所示。预览动画，完成本次练习。

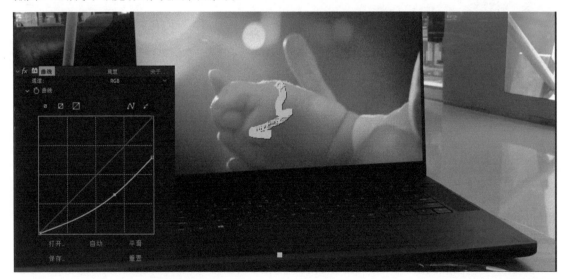

图7-36

本节回顾

扫描图7-37所示二维码可回顾本节内容。

在跟踪点创建跟踪数据的过程中，如果出现跟踪点跳帧偏移的现象，且重置分析后，依旧无法取得连贯的跟踪路径，需要在发生偏移的帧位上手动修正跟踪路径，或尝试将跟踪点改变至其他的位置，再创建跟踪数据。

图7-37

第2节 跟踪摄像机

"跟踪摄像机"又称"3D 摄像机跟踪器",它可以自动识别图像,捕捉移动的图像,识别监控范围内的物体运动,并自动控制云台对移动物体进行追踪。跟踪摄像机通过分析视频序列,来提取摄像机运动和三维场景数据,允许添加新的 3D 对象到 2D 场景中,如图 7-38 所示。

图7-38

知识点 1 跟踪摄像机的应用

"跟踪摄像机"能够分析并计算出实拍素材中的摄像机信息,相当于再次创建出了实拍素材的摄像机。利用这个功能可以将制作出的三维动画或者平面图层完美地匹配到实拍素材中,使后期合成的数字内容与实拍素材的透视角度、移动信息等达到完美融合。

在影视剧中所看到的演员和卡通人物的互动或是企业的 LOGO 在航空飞机上的展示等,都是利用"跟踪摄像机"来完成的。

知识点 2 跟踪摄像机的使用技巧

下面通过分析素材和提取摄像机运动,将内容附加到包含已解析的摄像机的场景和用于摄像机跟踪器的效果控件,来讲解跟踪摄像机的使用技巧。

分析素材和提取摄像机运动

选中一个素材图层,执行下列操作之一添加"3D 摄像机跟踪器"。

a. 执行"动画 - 跟踪摄像机"命令。

b. 执行"效果 - 透视 -3D 摄像机跟踪器"命令。

c. 在跟踪器面板中,单击"跟踪摄像机"按钮。

分析和解析阶段是在后台进行的，此时状态显示为素材上的一个横幅，如图7-39所示。

解析出的跟踪点显示为着色的"X"，使用这些跟踪点将内容放置在场景中，如图7-40所示。

图7-39

图7-40

将内容附加到包含已解析的摄像机的场景

选中效果，然后选择要用作附加点的一个或多个跟踪点，定义最合适的平面。

a. 将鼠标指针放置在可以定义1个平面的3个相邻的未选定跟踪点之间，在这些点之间会出现一个半透明的三角形，如图7-41所示。

这时将出现红色的目标，在3D空间中显示平面的方向。

b. 围绕多个跟踪点绘制一个选取框，并选择它们。

在选取框或目标上单击鼠标右键，即可选择要创建的内容的类型。可创建的类型如图7-42所示。

图7-41

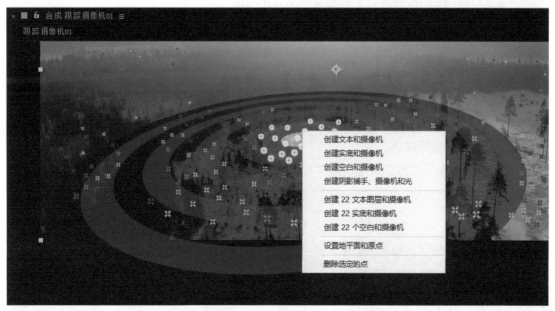

图7-42

用于3D摄像机跟踪器的效果控件

"3D摄像机跟踪器"中的选项如图7-43所示。

"分析/取消"可以开始或停止素材的后台分析。在分析期间，状态显示为素材上的一个横幅，并且位于"取消"按钮旁。

"拍摄类型"指定是以固定的水平视角、可变缩放，还是以特定的水平视角来捕捉素材。

"水平视角"指定解析器使用的水平视角，仅当将拍摄类型设置为指定视角时才启用。

"显示轨迹点"将检测到的特性显示为带透视提示的3D点（已解析的3D），或由特性跟踪捕捉的2D点（2D源）。

"渲染跟踪点"控制跟踪点是否渲染为效果的一部分。当选中了效果时，即使没有选择渲染跟踪点，也会显示轨迹点。当启用"渲染跟踪点"时，点将显示在图像中，以便在预览期间可以看到它们。

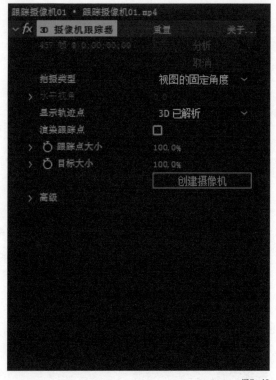

图7-43

"跟踪点大小"更改跟踪点的显示大小。

"创建摄像机"可以创建3D摄像机。通过上下文菜单创建文本、纯色或空图层时，系统会自动添加一个摄像机。

"高级"是用于3D摄像机跟踪器效果的高级控件。

案例1 创建文本跟踪练习

本案例通过使用"跟踪摄像机"中的"创建文本和摄像机"，在视频素材中森林的上空合成漂浮的文字效果。在制作过程中对调整跟踪点进行分析和练习，可以了解并掌握跟踪运动的多种跟踪方法和使用技巧。

扫描图7-44所示二维码可观看教学视频。

图7-44

操作步骤

01 执行"文件-导入"命令，导入"跟踪摄像机01"视频素材。将视频素材拖曳到"新建合成"按钮，将视频素材生成为一个新的合成，如图7-45所示。

图7-45

02 执行"窗口-跟踪器"命令，打开跟踪器面板，单击跟踪器面板中的"跟踪摄像机"按钮，分析视频，如图7-46所示。

图7-46

03 在查看器面板中选择要用作附加点的一个或多个跟踪点（定义最合适的平面），并围绕多个跟踪点绘制一个选取框，如图7-47所示。

图7-47

04 将鼠标指针拖曳到其中一个黄色的信息点上，单击鼠标右键，执行"创建文本和摄像机"命令，如图7-48所示。

图7-48

05 在时间轴面板中，双击"文本"图层，进入文本编辑状态，将文本内容修改为"后会有期"，如图7-49所示，调整文字大小和字间距。

图7-49

06 按R键，将"方向"调整为"278.7, 0.4, 8.4"，将"X轴旋转"调整为"90"，将"Y轴旋转"调整为"-8"，将"Z轴旋转"调整为"0"。设置完成后预览，确保文字透视、角度、运动轨迹和影片完美匹配，如图7-50所示。

图7-50

07 调整文字，产生逆光效果。将文字颜色修改为"米色"。在时间轴面板的空白处单击鼠标右键，在弹出的菜单中执行"新建 - 灯光"命令，如图 7-51 所示。

图7-51

08 选择"点"灯光命令，颜色吸取素材中太阳光的颜色，如图 7-52 所示，展开时间轴面板中的"环境光"选项，将"强度"调整为"90"。

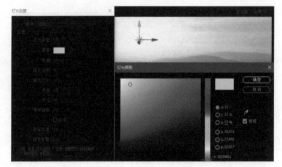

图7-52

09 调整灯光位置。将摄像机角度调整为"顶部"视图，将光源拖曳到文字前面的位置，如图 7-53 所示。

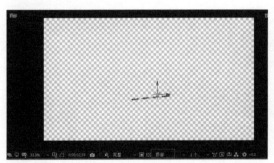

图7-53

10 设置文字逆光效果。将摄像机角度调整为"3D跟踪器摄影机"视图，调整灯光角度和位置，如图 7-54 所示。

图7-54

11 在时间轴面板的空白处单击鼠标右键，在弹出的菜单中执行"新建 - 灯光"命令，如图 7-55 所示。选择"点"灯光命令，吸取素材中天空亮部的粉色。展开时间轴面板中的"环境光"选项，将"强度"调整为"19"。

图7-55

12 再次调整点光源位置，如图 7-56 所示。

图7-56

13 在时间轴面板选中文字图层，执行"效果 -RG Trapcode-shine"命令，使用 shine 快速光效插件，如图 7-57 所示。

14 调整光源的色相和角度，预览动画，完成本次练习，如图 7-58 所示。

图7-57

图7-58

案例 2 创建实底跟踪练习

本案例通过使用"跟踪摄像机"中的"创建实底和摄像机"，在视频素材中的远处天空合成月亮，为海滨风景素材再添唯美意境。

扫描图 7-59 所示二维码可观看教学视频。

图7-59

操作步骤

01 执行"文件 - 导入"命令，导入"跟踪摄像机 02"和"月亮"素材。将"跟踪摄像机 02"视频素材拖曳到"新建合成"按钮，创建新的合成，如图7-60所示。

02 执行"窗口 - 跟踪器"命令，打开跟踪器面板，单击跟踪器面板中的"跟踪摄像机"按钮，分析视频，如图 7-61 所示。

图7-60

图7-61

03 在查看器面板中选择要用作附加点的一个或多个跟踪点定义最合适的平面，并围绕多个跟踪点绘制一个选取框，如图7-62所示。

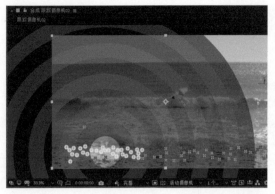

图7-62

04 将鼠标指针拖曳到其中一个黄色的信息点上，单击鼠标右键，选择"创建实底和摄像机"命令，如图7-63所示。

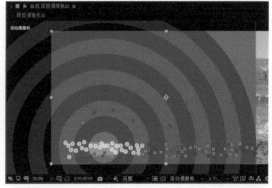

图7-63

05 按S键，将"缩放"调整为"11"，如图7-64所示。

图7-64

06 预览视频，确保实底色块和视频的跟踪完全匹配，如图7-65所示。

图7-65

07 将"月亮"图片素材拖曳到时间轴面板中，在查看器面板中，按Shift键将"月亮"等比例缩小，如图7-66所示。

图7-66

08 执行"效果-Keying-Keylight"命令，加入"Keylight"特效。在"Screen Colour"屏幕颜色选项上，用吸管工具吸取需要抠除的"月亮"周围的蓝色，"月亮"背景变为透明，如图7-67所示。

图7-67

09 去除"月亮"周围的边缘溢出。将"Screen Matte"中的"Screen Shrink/Grow"调整为"-5.4"，如图7-68所示。

图7-68

10 调整"月亮"的大小和位置，将"月亮"图层转换为3D图层，将"月亮"图层与"跟踪实底1"图层进行父子链接，如图7-69所示。

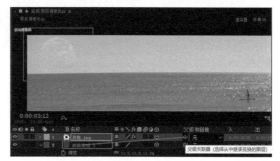

图7-69

11 执行"效果-颜色校正-色彩/饱和度"命令，在效果控件面板中，将"主色相"调整为"-194"，将"主饱和度"调整为"4"，将"主亮度"调整为"24"，如图7-70所示。

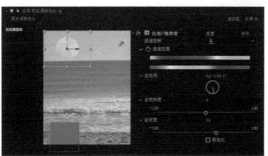

图7-70

12 隐藏"跟踪实底1"图层，预览动画，完成本次练习，如图7-71所示。

图7-71

本节回顾

扫描图7-72所示二维码可回顾本节内容。

"跟踪摄像机"在处理跟踪合成画面中像素复杂的素材时使用广泛。但往往需要跟踪合成的素材内容比较单一，使用"单点跟踪"就可以快速解决问题。为了达到减轻计算机运行负荷的目的，需要根据实际情况选择跟踪器工具。

图7-72

第3节 变形稳定器

在实拍视频时，特别是在没有三脚架的情况下，拍出的画面会发生抖动。

那么，如果手里拿到一个片子，画面出现了抖动怎么办？"变形稳定器"很好地解决了这个问题！

知识点 1 变形稳定器的应用

"变形稳定器"可以消除因摄像机移动而造成的抖动，从而将摇晃的手持素材转变为稳定、流畅的拍摄内容。

知识点 2 变形稳定器详解

"变形稳定器"可以在"窗口 – 跟踪器""效果 – 扭曲"或"动画 – 变形稳定器 VFX"中找到。

使用"变形稳定器"效果来稳定运动，首先选择要稳定的图层，添加"变形稳定器"。将效果添加到图层后，对素材的分析立即在后台开始运行。

在分析过程中，查看面板将显示两个横幅：当分析开始时，显示第一个横幅以表示正在对素材进行分析，如图 7-73 所示；当分析完成时，显示第二个横幅指出正在对素材进行稳定，如图 7-74 所示。

变形稳定器结束运算后，原有画面素材中的抖动将变得平稳。

图7-73

图7-74

在处理视频素材的过程中，如果需要完全移除所有摄像机运动，执行"稳定 – 结果 – 没有运动"命令即可。

如果想在镜头中使用一些最初的摄像机运动，执行"稳定 – 结果 – 平滑运动"命令。

如果画面中偶尔出现褶皱扭曲，并且素材是使用果冻效应摄像头拍摄的，想要减少画面中的波纹，可将"高级 – 果冻效应波纹"设置为"自动减小"，如图 7-75 所示。

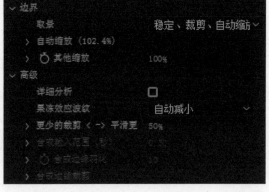

图7-75

如果对结果满意，则完成稳定工作；如果不满意，可重复执行以上操作。

如果素材变形或扭曲程度太大，可将控制面板中的"方法"切换为"位置、缩放和旋转"。

案例 变形稳定器练习

本案例通过使用"变形稳定器"，为画面抖动强烈的视频素材进行稳定工作，在制作过程中对"变形稳定器"进行分析和练习，了解并掌握"变形稳定器"的使用技巧。

扫描图7-76所示二维码可观看教学视频。

图7-76

操作步骤

01 执行"文件－导入"命令，导入"车流"视频素材。将"车流"视频素材拖曳到"新建合成"按钮，新建合成，如图7-77所示。

02 执行"窗口－跟踪器"命令，打开跟踪器面板，单击跟踪器面板中的"变形稳定器"按钮，分析视频。预览动画，完成本次练习，如图7-78所示。

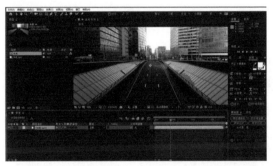

图7-77

图7-78

本节回顾

扫描图7-79所示二维码可回顾本节内容。

稳定，是对实拍素材校正的过程，如果工作中有条件的话，建议在前期拍摄中使用物理防抖设备（稳定器材）介入素材拍摄，后期工作中使用"变形稳定器"只是一种对素材的补救措施。

对于画面移动范围广、抖动强烈、镜头景深错位等问题，"变形稳定器"有时也无法完美解决，所以前期拍摄的准备工作就显得格外重要。

图7-79

第4节 摇摆器

"摇摆器"位于"窗口 – 摇摆器",用于给视频添加抖动效果,表现视频中震撼的效果。

知识点 1 摇摆器的应用

"摇摆器"是利用素材同一属性中两个相邻的关键帧随机模拟的抖动效果。其抖动参数能应用给位移、缩放、旋转等各种属性,产生不同效果的摇摆样式。

影视剧中的地震、触电的卡通反派、"狮吼功"声浪的共振等都可以使用"摇摆器"制作出来。

知识点 2 摇摆器详解

下面讲解如何激活摇摆器中的选项和使用摇摆器制作抖动效果。

激活摇摆器中的选项

展开摇摆器面板,会发现面板参数大多呈灰色状态,无法使用,如图 7-80 所示。

图7-80

这是因为"摇摆器"只能作用在关键帧上,所以想要激活并应用"摇摆器",必须选中要抖动素材的同一属性中的两个相邻关键帧。

频率,定义每秒抖动的数量。

数量级,定义抖动最大幅度的量级。

使用摇摆器制作抖动效果

选中需要抖动的素材,为抖动属性在需要的时间内建立两个关键帧。

用鼠标框选设置好的两个关键帧,这时摇摆器面板中的参数全部激活了。

设定频率和数量级参数后,单击"应用"按钮,完成抖动效果的制作。此时,两个选中的关键帧中间产生了连串的关键帧,这个关键帧就是"摇摆器"随机设置的抖动关键帧动画。

案例 摇摆器练习

本案例通过使用"摇摆器",为动画元素增加抖动效果,使视频更具视觉冲击力。在制作过程中对"摇摆器"进行分析和练习,了解并掌握"摇摆器"的使用技巧。

扫描图7-81所示二维码可观看教学视频。

图7-81

操作步骤

01 按快捷键 Ctrl+N，新建合成。在时间轴面板空白处单击鼠标右键，在弹出的菜单中执行"新建 - 纯色"命令，如图7-82所示，新建一个白色纯色图层。

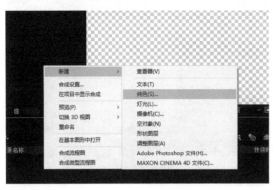

图7-82

02 在时间轴面板的空白处单击鼠标右键，在弹出的菜单中执行"效果 - 生产 - 梯度渐变"命令，如图7-83所示。

图7-83

03 在效果控件面板中，将"渐变形状"调整为"径向渐变"，将渐变中心点拖曳到画面正中心，如图7-84所示。

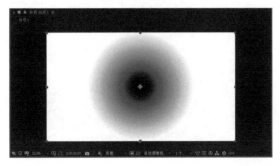

图7-84

04 将"起始颜色"调整为"H：0、S：0、B：88"，将"结束颜色"调整为"H：0、S：0、B：55"，显示结果为外围颜色较深，中心颜色较浅，如图7-85所示。

图7-85

05 调整"渐变直径"，设置画面由深到浅的灰度层次，如图7-86所示。

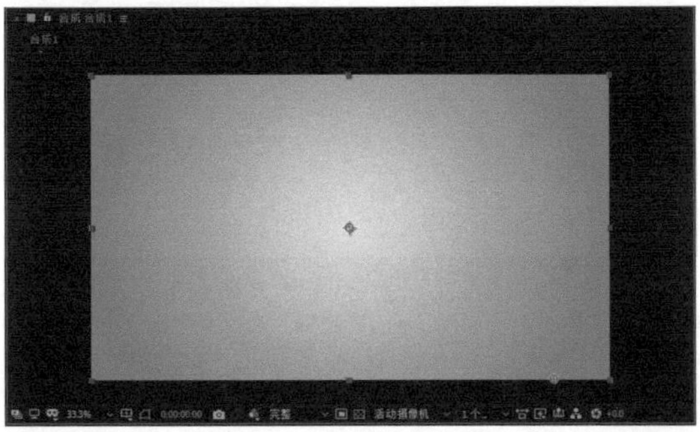

图7-86

06 在时间轴面板空白处单击鼠标右键，在弹出的菜单中执行"新建 - 文本"命令，新建一个文本图层，输入字母"Adobe"，如图7-87所示。

图7-87

07 将时间指示器拖曳到1秒。按S键，单击"缩放"前的码表，创建一个关键帧，如图7-88所示。

08 将时间指示器拖曳到0帧，选择锚点工具，在查看器面板中将文字的锚点拖曳到文字的中心位置，在时间轴面板中将"缩放"调整为"3278"，如图7-89所示。

图7-88

图7-89

09 将时间指示器拖曳到1秒。按T键，单击"不透明度"前的码表，创建一个关键帧，如图7-90所示。

10 将时间指示器拖曳到0帧，将"不透明度"调整为"0"。按U键显示该图层所有关键帧信息，如图7-91所示。

图7-90

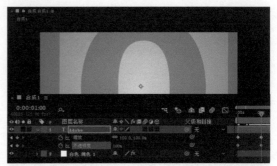

图7-91

11 将时间指示器拖曳到21帧。按P键，单击"位置"前的码表，创建一个关键帧，这时属性值为"979，510"，按U键显示该图层所有关键帧信息，如图7-92所示。

12 将时间指示器拖曳到1秒3帧，单击"添加关键帧"按钮，系统在当前时间位置自动生成一个关键帧，如图7-93所示。

图7-92

图7-93

13 添加摇摆器，增加画面冲击力效果。选取"位置"的两个关键帧，在摇摆器面板中将"频率"调整为"10"，将"数量级"调整为"25"，单击"应用"按钮，如图7-94所示。

图7-94

14 按 Alt 键并拖曳，减少"摇摆器"的作用时间，如图7-95所示。

图7-95

15 将时间指示器拖曳到3秒，单击"添加关键帧"按钮，系统在当前时间位置自动生成一个关键帧，如图7-96所示。

图7-96

16 将时间指示器拖曳到6秒2帧，单击"添加关键帧"按钮，系统在当前时间位置自动生成一个关键帧，如图7-97所示。

图7-97

17 添加摇摆器，增加画面冲击力效果。选取"位置"的两个关键帧，在摇摆器面板中将"频率"调整为"10"，将"数量级"调整为"25"，单击"应用"按钮，如图7-98所示。

图7-98

18 调整抖动帧数和浮动。放大时间轴显示帧数，选取除第一帧外"摇摆器"内剩余的关键帧，按 Alt 键并拖曳，减少"摇摆器"的作用时间。重复执行3次以上步骤，结果如图7-99所示。

图7-99

19 将时间指示器拖曳到3秒，选中"缩放"属性，单击"添加关键帧"按钮，系统在当前时间位置自动生成一个关键帧，如图7-100所示。

图7-100

20 将时间指示器拖曳到6秒2帧，将"缩放"调整为"125"，系统在当前时间位置自动生成一个关键帧，如图7-101所示。

图7-101

21 在效果和预设面板的"搜索"栏中输入"爆炸"，在搜索结果中将"爆炸2"拖曳到"Adobe"文字图层，如图7-102所示。

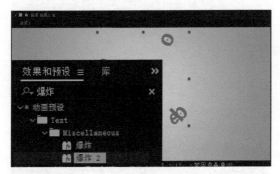

图7-102

22 将时间指示器拖曳到6秒14帧，按U键显示该图层所有关键帧信息，将"缩放"调整为"155"，系统在当前时间位置自动生成一个关键帧，如图7-103所示。

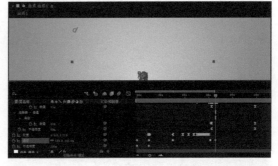

图7-103

23 同时选取"爆炸"效果的3个关键帧，将其拖曳到6秒19帧，如图7-104所示。

图7-104

24 为文字添加"动态模糊"效果。在时间轴面板中单击"运动模糊开关"按钮与文字图层的"运动模糊"按钮，如图7-105所示。

图7-105

25 将时间指示器拖曳到 3 秒，执行"效果 - 颜色校正 - 色彩 / 饱和度"命令，激活"通道范围"前的码表，系统在当前时间位置自动生成一个关键帧，如图 7-106 所示。

图7-106

26 将时间指示器拖曳到 6 秒 2 帧，将"主色相"调整为"1x"，按 U 键显示该图层所有关键帧信息，预览效果，如图 7-107 所示。

图7-107

27 按 U 键隐藏该图层所有关键帧信息。执行"文件 - 导入"命令，导入"timg.png"图片素材，将项目面板中的"timg.png"素材拖曳到文字图层下方，如图 7-108 所示。

图7-108

28 选择"timg.png"图层，将时间指示器拖曳到 6 秒 12 帧，按 S 键，激活"缩放"属性码表，创建一个关键帧，效果如图 7-109 所示。

图7-109

29 将时间指示器拖曳到 6 秒 3 帧，将"缩放"调整为"0"，系统在当前时间位置自动生成一个关键帧，效果如图 7-110 所示。

图7-110

30 为"timg.png"图层添加"动态模糊"效果。在时间轴面板中单击文字图层的"运动模糊"按钮，如图 7-111 所示。

图7-111

133

31 将时间指示器拖曳到9秒24帧，单击"缩放"的"添加关键帧"按钮，系统在当前时间位置自动生成一个关键帧，将"缩放"调整为"110"，系统在当前时间位置自动生成一个关键帧，如图7-112所示。

图7-112

32 执行"文件－导入"命令，导入"Reverse 01""Swish 02"和"Trailer Hit 23"音频素材。将"Swish 02"音频素材拖曳到时间轴面板中，打开音效波形，将声效和标识出现的画面进行匹配，如图7-113所示。

图7-113

33 依次将"Reverse 01"和"Trailer Hit 23"音频素材拖曳到时间轴面板中，打开音效波形，移动音频素材位置，将动画和音频完美结合，如图7-114所示。

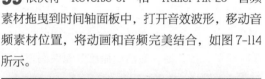

图7-114

34 调整各图层工作的时间，预览动画，完成练习，如图7-115所示。

图7-115

本节回顾

扫描图7-116所示二维码可回顾本节内容。

在练习中经常会遇到"摇摆器"应用到关键帧后，预览时看不出抖动效果，为此，可以尝试将"数量级"参数调高，将"频率"参数降低，同时检查"应用到"选项中是否为"空间路径"。

图7-116

第 **8** 课

抠像、跟踪和抖动
综合实战案例

本课将通过一个综合案例讲解如何利用抠像、跟踪和
抖动等知识对实拍镜头进行后期处理，以复习第5课~
第7课的核心知识点。

本课分为两节，第1节为换天案例，利用动态蒙版对视频中的天空进行抠像，利用单点跟踪使静态的云图与视频画面相匹配；第2节为文字动画，利用跟踪摄像机，让文字在画面中呈现具有透视关系的立体效果，利用摇摆器，给文字添加抖动，让它更加生动活泼。扫描图8-1所示二维码可观看本课案例完成效果视频。

图8-1

第1节 换天

本节将从导入素材、创建合成和设定工作区域开始讲解，接着讲解使用动态蒙版将视频中的天空抠出，并换成云图，然后讲解使用单点跟踪将云图与画面的位移进行匹配。

本案例运用到一段实拍视频和一幅云图的图片。实拍视频时间稍长，约33秒。这个视频在拍摄中由于光线所限，远处的天空曝光过度，所以在后期合成时，需要将其合成为一个新的图层，将云图填补进去。这样，整个画面看起来会更宽广、更壮观。

导入素材、创建合成

执行"文件-导入"命令，导入"抠像练习-动态蒙版02"视频素材和"云图"图片素材。将"抠像练习-动态蒙版02"视频素材拖曳到"新建合成"按钮，将视频素材生成为一个新合成，如图8-2所示。

图8-2

设定工作区域

　　预览视频，记录工作区开始点和结束点。输入法调整为英文输入状态。在时间轴面板中，将时间指示器拖曳到5秒，按B键将此处设置为工作区的开始点；将时间指示器拖曳到15秒，按N键将此处设置为工作区的结束点。在工作区域上单击鼠标右键，在弹出的菜单中执行"将合成修剪至工作区域"命令，如图8-3所示。

图8-3

动态蒙版、天空抠像

　　选中"抠像练习-动态蒙版02"图层，对视频进行蒙版抠像。将时间指示器拖曳到0帧，选择钢笔工具，框选画面中除天空以外的区域，创建蒙版，如图8-4所示。

　　单击"抠像练习-动态蒙版02"图层前的箭头展开"蒙版1"，单击"蒙版路径"前的码表创建关键帧，每隔2秒，调整蒙版的范围，保证画面中山峦一直在动态蒙版抠像范围内，如图8-5所示。

图8-4

图8-5

换天

将"云图"图片素材，拖曳到"抠像练习-动态蒙版02"图层下方。在查看器面板中，按住Shift键，将"云图"等比例缩小，调整至合适位置，如图8-6所示。

此时，"云图"与"抠像练习-动态蒙版02"的画面过渡比较生硬，并且需要调整天空颜色，将天空和图片颜色进行匹配。

图8-6

执行"效果-色彩校正-曲线"命令，在效果控件面板中调整"曲线"，使"云图"色调与画面相符。在时间轴面板中选中"抠像练习-动态蒙版02"图层，将该图层下的"蒙版羽化"调整为"314"，如图8-7所示。

图8-7

单点跟踪、云图匹配位移

将"云图"与视频中的运动轨迹进行匹配。执行"窗口-跟踪器"命令，打开跟踪器面板。单击跟踪器面板中的"跟踪运动"按钮，将跟踪点调整至山峦高处分界线明显的位置，单击"向前分析"按钮，分析跟踪轨迹，如图8-8所示。若轨迹出现错误，可拖曳时间指示器，在出现错误的位置手动调整跟踪点。

图8-8

利用空对象图层与运动路径相匹配。在时间轴面板的空白处单击鼠标右键，在弹出的菜单中执行"新建-空对象"命令，单击跟踪器面板中的"编辑目标"按钮，选择"运动目标"为"空对象"图层，将运算出的路径信息适配给"空对象"图层。单击跟踪器面板中的"应用"按钮，将"应用维度"调整为"X和Y"。为"云图"图层与"空对象"图层创建父子关系，如图8-9所示，使"云图"与画面运动轨迹匹配。预览动画，调整"云图"位置，确保整个视频中"云图"都在画面中。

图8-9

第2节 文字动画

在本课案例的完成效果视频中可以看到，文字在路边某个位置原地抖动，看起来很灵动。本节将讲解如何做出这种文字效果。

镜头跟踪、文字匹配位置

选中"抠像练习-动态蒙版02"图层，单击跟踪器面板中的"跟踪摄像机"按钮，分析视频。视频分析完成后，将"3D摄像机跟踪器"中的"跟踪点大小"调整为"320"，以便于查看。在查看器面板的汽车旁，选择要用作附加点的多个跟踪点绘制选取框，定义最合适的平面，如图8-10所示。

图8-10

将鼠标指针放置在其中一个黄色信息点上，单击鼠标右键，执行"创建文本和摄像机"命令。在时间轴面板中，双击文本图层，将文本内容修改为"工布江达 海拔：3600米"，调整文字相关信息。按R键调整"方向""X轴旋转""Y轴旋转"和"Z轴旋转"，使文字立起来并贴近汽车。按S键可调整文字整体大小。预览动画，确保文字大小、间距、透视、角度、运动轨迹和影片完美匹配，如图8-11所示。

图8-11

添加文字动画细节

为文字添加"投影"效果，使文字更具立体感。选中文字图层，执行"效果-透视-投影"命令，添加"投影"效果，在效果控件面板中调整"投影"中的参数。

通过调整图层来增加光照效果，完善画面细节。在时间轴面板空白处单击鼠标右键，执行"新建-调整图层"命令，添加调整图层。选中调整图层，执行"效果-生成-镜头光晕"命令，调整"镜头光晕"中的参数。制作"光晕中心"关键帧动画，每隔2秒，根据环境调整"光晕中心"位置，使光影与视频画面相符，如图8-12所示。

图8-12

选中文字图层，将时间指示器拖曳到0帧，在效果和预设面板中，执行"动画预设-Text-Animate-字符拖入"命令，为文字图层添加"字符拖入"预设，作为文字进入画面的动画。按U键通过拖曳各关键帧位置调整"字符拖入"动画时长。按P键打开图层"位置"属性，制作"位置"动画，如图8-13所示。

图8-13

添加摇摆器，增加画面冲击力效果。选取"位置"属性的关键帧，在摇摆器面板中将"杂色类型"调整为"成锯齿状"，将"频率"调整为"20"，将"数量级"调整为"30"，调整完参数后，单击"应用"按钮。本案例到此结束，效果如图8-14所示。

图8-14

文字动画拓展

　　将文字颜色调整为"H：0、S：0、B：47"，在效果控件面板中，将文字的"阴影颜色"调整为"白色"，将"不透明度"调整为"100"，将"距离"调整为"10"，使文字与视频中的环境更加相符，如图8-15所示。

图8-15

本节回顾

　　扫描图8-16所示二维码可回顾本节内容。

　　第1节利用动态蒙版和单点跟踪为视频换天。

　　第2节利用跟踪摄像机、抖动等制作文字动画。

图8-16

第 **9** 课

效果控件

在After Effects中，图层或合成的变换属性下有5个基本属性，但想要完成特效处理，只依靠5个基本属性是不够的。After Effects强大的效果控件可以解决这个问题。使用合适的效果控件能够很容易地制作出震撼人心的视觉特效。

本课主要讲解影视制作过程中较为常用的效果控件。

After Effects自带很多效果控件，如发光、模糊、锐化、扭曲和透视等。这些效果控件可以在效果和预设面板中找到，效果和预设面板默认在After Effects界面的右侧。

为图层或合成添加效果的3种方式

在效果和预设面板中找到某一个效果，将其拖曳到时间轴面板中的图层或合成上，如图9-1所示。

在时间轴面板中选中图层或合成，单击鼠标右键，在弹出的菜单中执行"效果"中的某一个效果命令，如图9-2所示。

在时间轴面板中选中图层或合成，在效果控件面板中单击鼠标右键，在弹出的菜单中添加某一个效果，如图9-3所示。

图9-1   图9-2   图9-3

快速添加上次使用过的效果的3种方式

在时间轴面板中选中图层或合成，按快捷键Ctrl+Alt+Shift+E。

在时间轴面板中选中图层或合成，单击鼠标右键，在弹出的菜单中执行"效果"命令，在"效果"子菜单中选择上次使用过的效果。

在时间轴面板中选中图层或合成，在效果控件面板中，单击鼠标右键，在弹出的菜单中选择上次使用过的效果。

为图层或合成移除效果的4种方式

在时间轴面板中选中图层或合成，在效果控件面板中选中效果，按Delete键移除选中的效果。

在时间轴面板中选中图层或合成，单击鼠标右键，在弹出的菜单中选择"效果"命令，在"效果"子菜单中执行"全部移除"命令移除选中图层或合成的所有效果。

在时间轴面板中选中图层或合成，在界面左侧的"效果控件"面板中，单击鼠标右键，在弹出的菜单中执行"全部移除"命令可移除选中图层或合成的所有效果。

在时间轴面板中选中图层或合成，按快捷键Ctrl+Shift+E移除选中图层或合成的所有效果。

After Effects使用数百个效果控件来实现图像效果和动画控制。除了After Effects自身的效果控件外，还可以结合使用一些第三方插件、Adobe系列的其他软件，以及一些三维软件，以创造出更加丰富多彩的视觉效果。

第1节 发光

"发光"位于"效果控件-风格化",其选项如图9-4所示,它是基于Alpha通道或颜色通道创建的发光效果。

图9-4

知识点1 发光的应用

"发光"可以找到图像中较亮的部分,使这些像素及其周围的像素变亮,以创建发光光环;也可以模拟照片过度曝光的效果。

制作片头LOGO时经常使用"发光"来模拟人造光源的发光效果,如灯泡、白炽灯管、霓虹灯等。图9-5为应用"发光"前后的对比效果,左侧图片是LOGO最初的效果;右侧图片是给LOGO添加"发光"后的效果。

扫描图9-6所示二维码观看给LOGO应用"发光"前后的对比视频。

图9-5   图9-6

知识点2 发光详解

"发光"共包含14个选项,如图9-7所示。

"发光基于"下拉框中有"颜色通道"和"Alpha通道"两个选项,用来确定发光是基于颜色值还是透明度值。基于Alpha通道的发光仅在不透明和透明区域之间的图像边缘产生漫射亮度。

"发光阈值"用于控制发光区域的大小,调整范围为"0%~100%"。"发光阈值"百分比越低,图像产生发光效果的区域越大;"发光阈值"百分比越高,图像产生发光效果的区域越小。如图9-8所示,左侧图片是"发光阈值"为"0%"时的效果,右侧图片是"发光阈值"为"100%"时的效果。

图9-7

图9-8

"发光半径"指发光效果从图像延伸的距离，单位为像素，调整范围为"0~1000"。设置较小的数值会产生锐化边缘的效果，设置较大的数值会产生漫射发光的效果。如图9-9所示，左侧图片"发光半径"数值为"5"，右侧图片"发光半径"数值为"500"。

图9-9

"发光强度"指发光的亮度，调整范围为"0~255"。

"合成原始项目"用于指定发光出现的位置，包含"顶端""后面"和"无"3个选项。选择"顶端"会将发光效果放在图像前面，影响"发光操作"不同混合方法的结果。选择"后面"会将发光效果放在图像后面，从而创建逆光效果。"无"选项用于从图像中分离发光效果。

"发光操作"用于选择发光方式，类似层模式的选择。

"发光颜色"用于设置发光的颜色，可选"原始颜色""A和B颜色"和"任意映射"选项。"A和B颜色"选项用于使用"颜色A"和"颜色B"控件指定的颜色创建渐变发光。

"颜色循环"有两个设定：一个用来选择颜色循环模式；另一个用来设置颜色循环参数。颜色循环参数可设置两个或更多循环，以创建发光的多色环；单个循环可循环显示"发光颜色"指定的渐变或任意图。

"色彩相位"用于指定在颜色周期中，开始颜色循环的位置。默认情况下，颜色循环在第一个循环的原点开始。

"A和B中点"用于指定渐变中使用的两种颜色之间的平衡点。设置较低的百分比，使用较少的A颜色；设置于较高的百分比，使用较少的B颜色。

"颜色A"和"颜色B"用于设置发光的颜色。

"发光维度"用于指定发光的作用方向（水平／垂直／水平和垂直）。

案例 LOGO 霓虹灯效果练习

在已有的发光LOGO（初始）项目的基础上，添加"发光"，为LOGO动画制作霓虹灯效果。

在项目面板的"设计文件-效果合成"中，"01LOGO"是项目的基本图层，只有一个LOGO的PNG文件；"02LOGO-相框轮廓"是对组成LOGO的图形提取的不同形式的线框轮廓；"03LOGO-出现动画"是LOGO不同部分闪烁出现的效果；"04LOGO-出现合成"中逐帧设置了LOGO的不透明度，制作出了明暗闪烁的逐帧动画；"05LOGO-背景光"用不同的模糊效果对背景进行了处理；"06霓虹灯效果"用来为动画添加霓虹灯效果；"07霓虹灯合成""08地面纹理"和"09地面纹理合成"为地面添加纹理、阴影等效果。

在项目面板的输出合成中，输出渲染是对整个场景进行调整，营造氛围。

图9-10

扫描图9-10所示二维码可观看LOGO霓虹灯效果案例教学视频。

操作步骤

01 执行"文件-打开项目"命令，打开"发光LOGO（初始）.aep"项目，如图9-11所示。

图9-11

02 在项目面板中，展开"设计文件-效果合成"，双击"06霓虹灯效果"，在时间轴面板中选中"04LOGO_出现合成4"图层，在"模式"下拉框中选择"正常"，结果如图9-12所示。

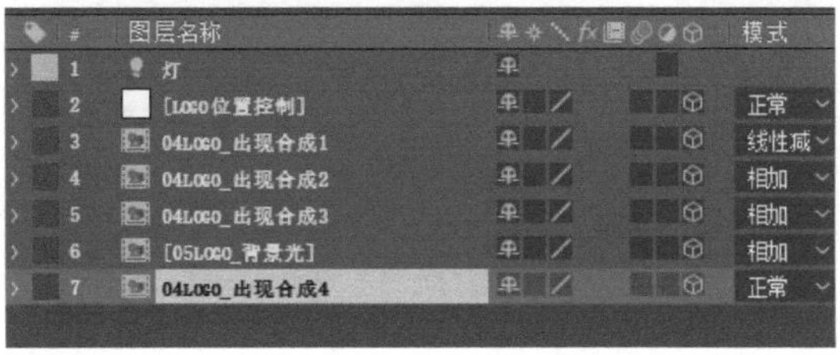

	#	图层名称		模式
	1	灯		
	2	[LOGO位置控制]		正常
	3	04LOGO_出现合成1		线性减
	4	04LOGO_出现合成2		相加
	5	04LOGO_出现合成3		相加
	6	[05LOGO_背景光]		相加
	7	04LOGO_出现合成4		正常

图9-12

03 在时间轴面板中选中"04LOGO_出现合成3"图层，按F3键，在效果控件面板的空白处单击鼠标右键，在弹出的菜单中执行"模糊和锐化-快速方框模糊"命令，将"模糊半径"调整为"1"，将"迭代"调整为"1"，如图9-13所示。

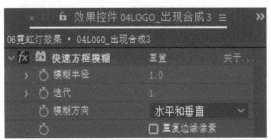

图9-13

04 在效果控件面板的空白处单击鼠标右键，在弹出的菜单中执行"风格化-发光"命令，将"发光半径"调整为"1"，模拟霓虹灯管的效果，如图9-14所示。

图9-14

05 在时间轴面板选中"05LOGO_背景光"图层，在效果控件面板的空白处单击鼠标右键，在弹出的菜单中执行"风格化-发光"命令，将"发光半径"调整为"160"，效果如图 9-15 所示。该图层对整个图形进行了模糊处理，并添加了"发光"效果以模拟霓虹灯。

06 观察查看器面板中的图形，发现图形发光的强度不够，不足以模拟霓虹灯发光的效果。按快捷键 Ctrl+D 复制"发光"，效果如图 9-16 所示，为"05LOGO_背景光"图层叠加一层"发光"，使发光效果更加强烈。

图9-15

图9-16

07 在时间轴面板选中"04LOGO_出现合成4"图层，通过该图层调整发光的效果。在效果控件面板的空白处单击鼠标右键，在弹出的菜单中执行"模糊和锐化-定向模糊"命令，将"模糊长度"调整为"170"，效果如图 9-17 所示。

08 在效果控件面板的空白处单击鼠标右键，在弹出的菜单中执行"模糊和锐化-快速方框模糊"命令，将"模糊半径"调整为"60"，将"迭代"调整为"1"，将"模糊方向"调整为"水平"，如图 9-18 所示。

图9-17

图9-18

09 在时间轴面板选中"04LOGO_出现合成2"图层，在效果控件面板的空白处单击鼠标右键，在弹出的菜单中执行"模糊和锐化-快速方框模糊"命令，将"模糊半径"调整为"20"，将"迭代"调整为"1"，效果如图 9-19 所示。这时图形边缘的亮度过渡，发光层次更明显。

10 在时间轴面板选中"04LOGO_出现合成1"图层，在效果控件面板的空白处单击鼠标右键，在弹出的菜单中执行"风格化-发光"命令，将"发光半径"调整为"180"，将"发光强度"调整为"3"，将"发光维度"调整为"垂直"，效果如图 9-20 所示。

图9-19

图9-20

11 为丰富发光的效果，按快捷键 Ctrl+D 复制"发光"，将"发光半径"调整为"20"，将"发光强度"调整为"0.1"，效果如图 9-21 所示。

图9-21

12 在效果控件面板的空白处单击鼠标右键，在弹出的菜单中执行"模糊和锐化 – 快速方框模糊"命令，将"模糊半径"调整为"30"，将"迭代"调整为"1"，效果如图 9-22 所示。对该图层的操作使原来平均的发光效果变得不均匀，让发光更加自然。

图9-22

13 关闭"06 霓虹灯效果"，在项目面板中展开"设计文件 – 效果合成"，双击"07 霓虹灯合成"，在时间轴面板中选中"06 霓虹灯效果 1"图层，按 F3 键，在效果控件面板的空白处单击鼠标右键，在弹出的菜单中执行"风格化 – 发光"命令，将"发光阈值"调整为"25"，将"发光半径"调整为"150"，将"发光强度"调整为"0.1"，按快捷键 Ctrl+M 将项目渲染输出，效果如图 9-23 所示。

图9-23

本节回顾

扫描图 9-24 所示二维码可回顾本节内容。

1. "发光阈值"百分比越低，图像产生发光效果的区域越大；"发光阈值"百分比越高，图像产生发光效果的区域越小。

2. "发光半径"数值设置得小，可以使图形产生锐化边缘的效果；"发光半径"数值设置得大，可以使图形产生漫射发光的效果。

图9-24

第2节 锐化

　　"锐化"位于"效果控件－风格化"，其选项如图9-25所示。"锐化"用于增加图像细节的对比度，提高像素边缘的反差，提高画面清晰度，对于分辨率比较低的素材有一定的补偿作用。需要注意的是，"锐化"是对像素对比度的加强，并没有改变图像、影像的分辨率。

图9-25

知识点 1 锐化的应用

　　如果需要使用的图像、影像素材分辨率不够，可以通过应用"锐化"增加局部的对比度。这样像素之间的对比度会被增强，像素之间的层次会变得更加明显，模糊的图像会变得清晰起来。

　　锐化在胡须、毛发图像上应用效果较为明显。把图片放大到像素级别后，随意取一小块区域作对比，可以发现像素之间的对比度发生了细小的变化，如图9-26所示。需要注意的是，素材在增加清晰度的同时会产生可见的噪点，因此要谨慎使用"锐化"功能。

图9-26

　　"锐化"主要运用在需要展示的素材主体的细节部分，虚化的背景和虚化的前景物是不需要锐化效果的，所以要保留需要锐化的部分，排除不需要锐化的部分，如图9-27所示。扫描图9-28所示二维码可观看"锐化"使用效果对比视频。

图9-27　　　　　　　　　　图9-28

知识点 2 锐化详解

"锐化"的默认值为"0",上限值为
"4000",没有负值。随着"锐化"数值的增大,
画面中噪点会增多。单击"重置"按钮可以将其
恢复到初始化状态,如图9-29所示。

图9-29

案例 1 小狗锐化练习

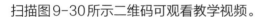

本案例讲解如何使图像中主体(狗的脸部轮廓、胡须、毛发)变清晰。
首先选中主体,排除无关信息,用"色调"使画面变成黑白色调,用"查
找边缘"明确主体轮廓,用"色阶"排除无关信息,用"模糊"完善边缘
细节,添加"锐化"实现更清晰的画面。

扫描图9-30所示二维码可观看教学视频。

图9-30

操作步骤

01 执行"文件-打开项目"命令,打开"锐化(初
始).aep"项目,如图9-31所示。

图9-31

02 在时间轴面板中,选中"锐化素材.jpg"图层,
按快捷键Ctrl+D复制一层,并将其命名为"锐化素材-
复制.jpg"如图9-32所示。

图9-32

03 按F3键,在效果控件面板的空白处单击鼠标
右键,在弹出的菜单中执行"颜色校正-色调"命
令。查看器面板中的图片显示为黑白色调,如图9-33
所示。

图9-33

04 在效果控件面板的空白处单击鼠标右键,在弹
出的菜单中执行"风格化-查找边缘"命令,可以
有效地排除周围无关的景物,保留狗的面部轮廓,
如图9-34所示。

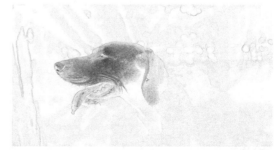

图9-34

05 在效果控件面板的空白处单击鼠标右键，在弹出的菜单中执行"颜色校正－色阶"命令。在效果控件面板"色阶"的直方图中，拖曳黑色滑块、白色滑块、灰色滑块，直至排除狗的面部周边的无效信息，从而得到需要添加"锐化"效果的有效信息，如图9-35所示。

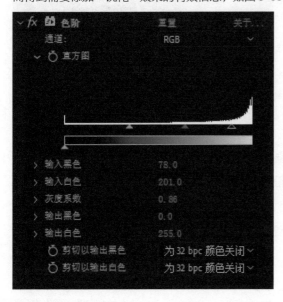

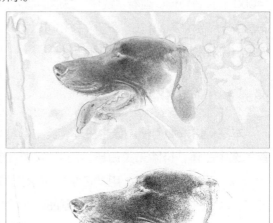

图9-35

06 在效果控件面板的空白处单击鼠标右键，在弹出的菜单中执行"模糊和锐化－高斯模糊"命令，将"模糊度"调整为"1.0"，如图9-36所示。

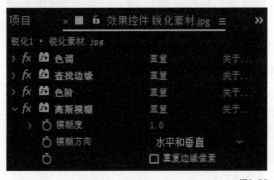

图9-36

07 在时间轴面板的空白处单击鼠标右键，在弹出的菜单中，执行"新建－调整图层"命令。将"调整图层2"图层拖曳到"锐化素材.jpg"图层和"锐化素材－复制.jpg"图层之间，如图9-37所示。

图9-37

08 选中"调整图层2"图层，在该图层的"轨道遮罩"下拉框中选择"亮度反转遮罩锐化素材.jpg"，如图9-38所示。

图9-38

09 选中"调整图层2"图层，在效果控件面板的空白处单击鼠标右键，在弹出的菜单中执行"模糊和锐化－锐化"命令，将"锐化量"调整为"50"，如图9-39所示。

图9-39

10 添加"锐化"效果后,狗的面部轮廓、鼻头、嘴部、毛发的清晰度得到了有效的提升,但由于噪点明显增多,对比度过于强烈,像素之间的分离过于明显和突出,如图9-40所示。

图9-40

11 继续调整,减少噪点。在效果控件面板中,将"锐化"中的"锐化量"调整为"30",如图9-41所示。

图9-41

12 在查看器中,最终效果如图9-42所示,需要"锐化"的部分(狗的面部轮廓、鼻头、嘴部、毛发)得到了明显的锐化,而不需要锐化的部分(周围的树)没有被锐化。

图9-42

案例2 视频去噪点练习

给视频添加"锐化"效果的方法同给图像添加效果的方式一样,目的是通过增加边界的影调反差,让边界显得更加清晰和锐利。需要注意的是,不同的主体需要调整不同的"锐化"值,因为是动态视频,因此"锐化"值的设置会影响整个视频的动态效果。

扫描图9-43所示二维码可观看教学视频。

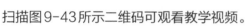

图9-43

操作步骤

01 执行"文件-打开项目"命令,打开"锐化(初始).aep"项目,如图9-44所示。

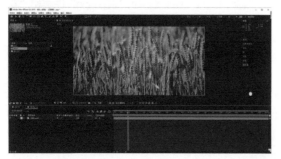

图9-44

02 在时间轴面板中,选中"麦田.jpg"图层,按快捷键 Ctrl+D 复制一层,并将其命名为"麦田-复制.jpg"如图9-45所示。

图9-45

03 按F3键，在效果控件面板的空白处单击鼠标右键，在弹出的菜单中执行"颜色校正 – 色调"命令。查看器面板中的图片显示为黑白色调，如图 9-46 所示。

图9-46

04 在效果控件面板的空白处单击鼠标右键，在弹出的菜单中执行"风格化 – 查找边缘"命令，有效地保留小麦的轮廓信息，如图 9-47 所示。

图9-47

05 在效果控件面板的空白处单击鼠标右键，在弹出的菜单中执行"颜色校正 – 色阶"命令。在"色阶"的直方图中拖曳黑色滑块、白色滑块、灰色滑块，直至排除小麦背景虚化的无效信息，从而得到需要添加"锐化"效果的有效信息，如图 9-48 所示。

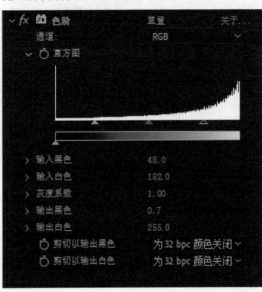

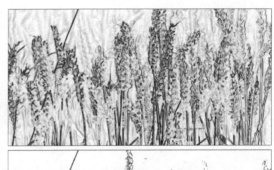

图9-48

06 在效果控件面板的空白处单击鼠标右键，在弹出的菜单中执行"模糊和锐化 – 高斯模糊"命令，将模糊度"调整为"1.5"，如图 9-49 所示。

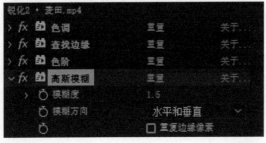

图9-49

07 在时间轴面板的空白处单击鼠标右键，在弹出的菜单中执行"新建 – 调整图层"命令。在时间轴面板中，将"调整图层 2"图层拖曳到"麦田.jpg"图层和"麦田素材 – 复制.jpg"图层之间，如图 9-50 所示。

图9-50

08 选中"调整图层2"图层,在该图层的"轨道遮罩"的下拉框中选择"亮度反转遮罩麦田.mp4",如图9-51所示。

图9-51

10 因为锐化量过大,像素之间的分离过于明显和突出,小麦边缘产生了明显的黑色边缘,如图9-53所示。

图9-53

12 在查看器面板中,最终效果如图9-55所示,需要锐化的部分(小麦前景主体部分)得到了明显的锐化,而不需要锐化的部分没有被锐化。

09 选中"调整图层2"图层,在效果控件面板的空白处单击鼠标右键,在弹出的菜单中执行"模糊和锐化-锐化"命令,将"锐化量"调整为"100",如图9-52所示。

图9-52

11 对小麦边缘应用锐化,得到相对清晰的效果即可,因此,在效果控件面板中,将"锐化"中的"锐化量"调整为"30",如图9-54所示。

图9-54

图9-55

本节回顾

扫描图9-56所示二维码可回顾本节内容。

1.应用"锐化"可强化主体的重要细节。在具体的图片中,需要根据主体的特点决定"锐化"数量,不可以过度锐化,损失图像质感。

2.在视频文件中,画面是动态的,"锐化值"设置过度,会产生很多噪点跟随视频闪烁。

图9-56

第3节 高斯模糊

"高斯模糊"位于"效果控件-模糊和锐化",其选项如图9-57所示。

"高斯模糊"是一种高级模糊特效,可以对图像进行模糊和柔化,去除素材上的局部杂色。图层的品质设置不会影响高斯模糊效果。

"高斯模糊"能产生更细腻的模糊效果,尤其在单独使用的时候,如图9-58所示。

图9-57

图9-58

知识点1 高斯模糊的应用

高斯模糊的作用是减少图像噪声,降低细节层次。它通过柔化图像、消除杂色,产生更细腻的图像模糊效果。

模拟近景和中景的变焦

配合图像、影像素材使用时,高斯模糊可以模拟近景和中景变焦的效果,在处理画面前需要先选出高斯模糊的应用范围,排除无关景物再进行操作,如图9-59所示。

扫描图9-60所示二维码可观看"高斯模糊"使用效果对比视频。

图9-59

图9-60

模拟主观镜头

在影片中可以运用高斯模糊模拟主观镜头的处理,如慢慢睁开眼看到模糊景象的视觉效果,或模拟伤者送到医院的过程中从昏迷到苏醒的过程,如图9-61所示。

扫描图9-62所示二维码可观看"高斯模糊"使用效果对比视频。

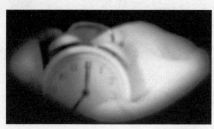

图9-61

图9-62

知识点 2 高斯模糊详解

"高斯模糊"共有3个选项，如图9-63所示。

"模糊度"主要用于调节模糊的强度，默认值为"0"，数值越大，图像越模糊。单击"重置"按钮可以将其初始化。

图9-63

"模糊方向"意为调整模糊产生的形式，可以通过3种形式进行调整，分别是"水平和垂直模糊""水平模糊"和"垂直模糊"。"水平模糊"是在水平方向进行模糊处理，"垂直模糊"是在垂直方向进行模糊处理，"水平和垂直模糊"是在水平和垂直两个维度进行模糊处理，如图9-64所示。

图9-64

给素材添加"高斯模糊"效果后，选择"重复边缘像素"，则素材周围边缘不应用"高斯模糊"效果，如果不选择"重复边缘像素"，则图片边缘也是模糊的。

案例 1 模拟近景和中景的变焦练习

本节讲解使用"高斯模糊"模拟近景和中景变焦的效果。案例中的文字图层是清晰的近景，人物背景图片是模糊的中景。依次对背景图片设置Y轴平移、推进动画，对文字图层设置不透明度效果，应用"高斯模糊"效果使近景模糊，背景清晰。

图9-65

还要注意的是，在处理整体画面前，应首先判断是否需要选出高斯模糊的应用范围，排除无关景物。

扫描图9-65所示二维码可观看模拟近景和中景的变焦教学视频。

操作步骤

01 执行"文件-打开项目"命令，打开"模拟镜头变焦效果（初始）"项目，如图9-66所示。

图9-66

02 在时间轴面板中，同时选中"我的一天"图层和"片头素材"图层，在对齐面板中执行"水平对齐"命令，如图9-67所示。

图9-67

03 为"片头素材"图层添加镜头 y 轴平移动画。选中"片头素材"图层,将时间指示器拖曳到 0 帧。按 P 键,将"位置"调整为"960,300",单击"位置"前的码表创建一个关键帧,如图 9-68 所示。

图9-68

04 将时间指示器拖曳到 7 秒 24 帧,将"位置"调整为"959.3,1009.0",系统在当前时间位置自动生成一个关键帧,如图 9-69 所示。

图9-69

05 为"片头素材"图层添加缩放动画。选中"片头素材"图层,将时间指示器拖曳到 0 帧。按 S 键,将"缩放"调整为"75",单击"缩放"前的码表创建一个关键帧,如图 9-70 所示。

图9-70

06 将时间指示器拖曳到 7 秒 24 帧,将"缩放"调整为"90",系统在当前时间位置自动生成一个关键帧,如图 9-71 所示。

图9-71

07 为"片头素材"图层添加不透明度效果。选中"片头素材"图层,将指示器拖曳到 0 帧。按 T 键,将"不透明度"调整为"0",单击"不透明度"前的码表创建一个关键帧,如图 9-72 所示。

图9-72

08 将时间指示器拖曳到 1 秒,将"不透明度"调整为"100",系统在当前时间位置自动生成一个关键帧,如图 9-73 所示。

图9-73

09 同时选中0帧和1秒两个关键帧，打开"图表编辑器"，设置关键帧缓入缓出的柔缓曲线效果，如图9-74所示。调整完毕后关闭"图表编辑器"。

图9-74

10 将时间指示器拖曳到1秒，按快捷键Ctrl+C复制关键帧，将时间指示器拖曳到3秒，按快捷键Ctrl+V粘贴关键帧，如图9-75所示。

图9-75

11 将时间指示器拖曳到5秒，将"不透明度"调整为"0"，系统在当前时间位置自动生成一个关键帧，如图9-76所示。

图9-76

12 打开"图表编辑器"，设置关键帧缓出效果，如图9-77所示。

图9-77

13 选中"片头素材"图层，按F3键，在效果控件面板的空白处单击鼠标右键，在弹出的菜单中执行"模糊和锐化－高斯模糊"命令，将"模糊度"调整为"150"，单击"模糊度"前的码表添加关键帧。按U键，时间轴面板中将显示所有关键帧属性，如图9-78所示。

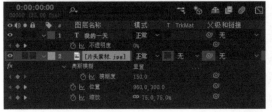

图9-78

14 将时间指示器拖曳到4秒13帧，将"模糊度"调整为"0"，系统在当前时间位置自动生成一个关键帧，如图9-79所示。

图9-79

15 选中"我的一天"文字图层，将时间指示器拖曳到0帧，在效果控件面板的空白处单击鼠标右键，在弹出的菜单中执行"模糊和锐化–高斯模糊"命令，将"模糊度"调整为"150"，单击"模糊度"前的码表，创建一个关键帧，如图9-80所示。

图9-80

16 将时间指示器拖曳到1秒，将"模糊度"调整为"0"，系统在当前时间位置自动生成一个关键帧，如图9-81所示。

图9-81

17 按U键，调出关键帧属性。将时间指示器拖曳到1秒，按快捷键Ctrl+C复制关键帧，将时间指示器拖曳到3秒，按快捷键Ctrl+V粘贴关键帧，如图9-82所示。

图9-82

18 将时间指示器拖曳到5秒，将"模糊度"调整为"150"，系统在当前时间位置自动生成一个关键帧，如图9-83所示。

图9-83

19 渲染导出后查看制作的动画。播放动画，画面是背景图片设置y轴平移、推进动画，对文字图层设置了不透明度效果。应用"高斯模糊"效果是让近景模糊，背景清晰的过程，如图9-84所示。

图9-84

提示　按N键可以显示限制时长内工作区域。按小键盘0键可以对视频进行内存渲染预览。

案例2 模拟睁开眼睛效果练习

本案例运用"高斯模糊"制作早上起床睁眼，视线由模糊到清晰、由清晰转为模糊，重复循环转场的动画。在制作动画时，把握时间节奏非常重要。案例中涉及的"蒙版"和"羽化"等知识点，本节不做详细描述。

扫描图9-85所示二维码可观看教学视频。

图9-85

操作步骤

01 执行"文件 - 打开项目"命令，打开"模拟睁开眼睛效果（初始）"项目，在时间轴面板空白处单击鼠标右键，在弹出的菜单中执行"新建 - 调整图层"命令，新建一个调整图层，如图9-86所示。

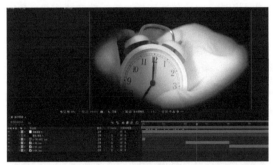

图9-86

02 将"调整图层1"图层拖曳到"黑色 纯色1"图层下，调整图层默认影响其下面所有图层，将"高斯模糊"效果设置在调整图层上，下面的4幅图片都会受到影响，如图9-87所示。

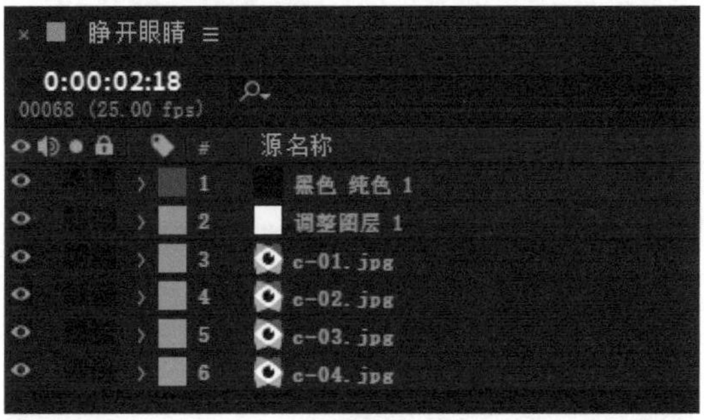

图9-87

03 选中"调整图层1"图层，将时间指示器拖曳到0帧，按F3键，在效果控件面板的空白处单击鼠标右键，在弹出的菜单中执行"模糊和锐化 - 高斯模糊"命令，将"模糊度"调整为"40"，勾选"重复边缘像素"选项，单击"模糊度"前的码表，创建一个关键帧，如图9-88所示。

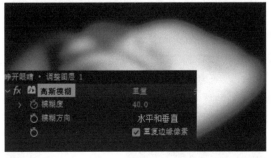

图9-88

04 在时间轴面板中，选中"黑色 纯色1"图层，按U键，显示关键帧属性，如图9-89所示。这样做可以将纯色层关键帧数值作为参考，设置调整图层关键帧数值。

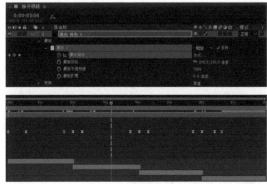

图9-89

> **提示** 在导入项目文件的过程中，素材文件显示丢失，为此，可通过在素材上单击鼠标右键，在弹出的菜单中执行"替换素材 - 文件"命令来解决。注意，在导入单个图片文件时，需取消JPEG序列类型选项。

05 选中"调整图层1"图层，将时间指示器拖曳到23帧，将"模糊度"调整为"0"，系统在当前时间位置自动生成一个关键帧，画面效果为眼睛睁开，视线由模糊慢慢变清晰，如图9-90所示。

图9-90

06 按快捷键Ctrl+C复制关键帧，将时间指示器拖曳到1秒4帧，按快捷键Ctrl+V粘贴关键帧，将"模糊度"调整为"20"，画面效果为视线由清晰再次变模糊，如图9-91所示。

图9-91

07 将时间指示器拖曳到23帧，按快捷键Ctrl+C复制关键帧，将时间指示器拖曳到1秒7帧，按快捷键Ctrl+V粘贴关键帧，画面变清晰，如图9-92所示。

图9-92

08 将时间指示器拖曳到0帧，按快捷键Ctrl+C复制关键帧，将时间指示器拖曳到1秒23帧，按快捷键Ctrl+V，粘贴关键帧，画面效果为眼睛闭上的过程中视线变模糊，如图9-93所示。

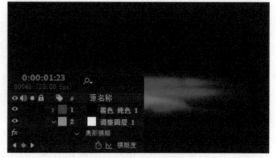

图9-93

09 将时间指示器拖曳到1秒23帧，按快捷键Ctrl+C复制关键帧，将时间指示器拖曳到2秒18帧，按快捷键Ctrl+V粘贴关键帧，画面效果为进入第二幅图片，眼睛缓慢睁开，视线保持模糊状态，如图9-94所示。

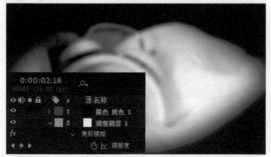

图9-94

10 将时间指示器拖曳到1秒7帧，按快捷键Ctrl+C复制关键帧，将时间指示器拖曳到3秒4帧，按快捷键Ctrl+V粘贴关键帧，画面效果为视线由模糊变清晰，效果如图9-95所示。

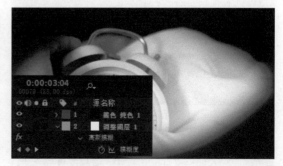

图9-95

11 将时间指示器拖曳到1秒4帧,按快捷键Ctrl+C复制关键帧,将时间指示器拖曳到3秒8帧,按快捷键Ctrl+V粘贴关键帧,画面效果为视线由清晰变模糊,如图9-96所示。

12 将时间指示器拖曳到3秒4帧,按快捷键Ctrl+C复制关键帧,将时间指示器拖曳到3秒18帧,按快捷键Ctrl+V粘贴关键帧,画面效果为视线由模糊变清晰,如图9-97所示。

图9-96

图9-97

13 重复步骤5至步骤12,利用第3张和第4张素材图片,模拟睁眼视线由模糊至清晰,闭眼视线由清晰至模糊,到再次睁眼的过程,如图9-98所示。

图9-98

本节回顾

扫描图9-99所示二维码可回顾本节内容。

在模糊和锐化效果里,还有一个钝化蒙版,应用效果同锐化工具类似。钝化蒙版控制精细边缘细节。如果对视频或图片没有太多要求,可以选择锐化工具。如果需要更加细致的画面调整,可以选择钝化蒙版。

图9-99

第4节 CC Lens（透镜）

"CC Lens"位于"效果控件-扭曲"，其选项如图9-100所示，是After Effccts CC中的一个透镜效果，可以实现鱼眼镜头的效果。

图9-100

知识点 1 CC Lens 的应用

"CC Lens"可以制作模拟镜头广角、转场和水滴下落等效果。

模拟镜头广角效果

在影片中，可以运用"CC Lens"模拟广角镜头的效果，使画面产生形变。图9-101左侧图片是一张正常的图片，右侧图片为使用"CC Lens"后的效果，图片中的物体呈现一定程度的扭曲。扫描图9-102所示二维码可观看模拟镜头广角效果视频。

图9-101　　　　　　　　　　图9-102

转场效果

运用"CC Lens"可以制作转场效果，使镜头过渡连贯。图9-103左侧图片是原始图片，右侧图片为使用"CC Lens"制作的转场动画中的一个状态。

扫描图9-104所示二维码可观看转场动画视频。

图9-103　　　　　　　　　　图9-104

水滴下落效果

运用"CC Lens"可以制作水滴下落效果。图9-105中的水滴为运用"CC Lens"制作的水滴。

扫描图9-106所示二维码可观看水滴下落视频。

图9-105　　　　　　　　　　图9-106

知识点 2 CC Lens 详解

"CC Lens" 共有3个选项，如图9-107
所示。

"Center" 意为中心，用于设置变形的中
心点位置。

图9-107

"Size" 意为尺寸，用于设置透镜的尺寸，改变画面变形的大小，调整范围为 "0~500"。

"Convergence" 意为曲率，用于设置变形的弯曲程度。"Convergence" 的调整范围为
"–200~100"，其数值为负数时，画面向外扩张；其数值为正数时，画面向内收缩。图9-108
中左侧图片为 "Convergence" 调整为 "–100" 时的效果，右侧图片为 "Convergence" 调
整为 "100" 时的效果。

图9-108

案例 1 模拟镜头广角效果练习

使用 "CC Lens" 模拟使用广角镜头时画面变形的效果，远离中心点
的位置将产生变形。

扫描图9-109所示二维码可观看模拟镜头广角效果教学视频。

图9-109

操作步骤

01 执行 "文件 – 打开项目" 命令，打开 "广角（初
始）" 项目，如图9-110所示。

02 在时间轴面板中选中 "c-01" 图层，单击鼠标
右键，在弹出的菜单中执行 "效果 – 扭曲 -CC Lens"
命令，如图9-111所示。

图9-110

图9-111

03 为此项目添加动画，将时间指示器拖曳到 0 帧，在效果控件面板中单击 "Size" 前的码表添加关键帧，并将 "Size" 调整为 "500"；单击 "Conversence" 前的码表添加关键帧，并将 "Conversence" 调整为 "100"，如图 9-112 所示。按 U 键在时间轴面板中显示关键帧属性。

图9-112

05 在效果控件面板中将 "Center" 调整为 "967，777"，效果如图 9-114 所示。查看器面板中的图形充满了画布。"Size" 和 "Center" 数值不是固定的，可以根据查看器面板中的效果适当调整，文中所给数值为参考数值。

图9-114

07 单击 "图表编辑器" 按钮，关闭图表编辑器。选中第 3 秒 24 帧位置的 "Center" 关键帧，同理，将 "影响" 调整为 "100"，如图 9-116 所示，让 "Center" 变化是一个降速的过程。

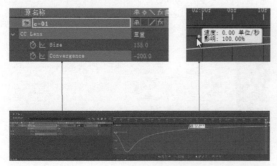

图9-116

04 在时间轴面板中将时间指示器拖曳到 3 秒 24 帧，将 "Size" 调整为 "155"，将 "Conversence" 调整为 "-200"，效果如图 9-113 所示。在查看器面板中看到图片不能充满画布，露出黑色边缘。

图9-113

06 在时间轴面板中选中第 3 秒 24 帧位置的 "Size" 关键帧，单击 "图表编辑器" 按钮，打开图表编辑器。按 F9 键，图表编辑器中将显示此关键帧的贝塞尔曲线。向左拖曳右侧的控制手柄，将 "影响" 调整为 "100"，如图 9-115 所示，让 "Size" 变化是一个降速的过程。

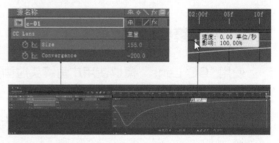

图9-115

08 渲染导出后查看制作的动画。播放动画，画面是一个缓慢向内收缩的过程，中心点周围不会有太大的变化，建筑、地面、以及离中心点较远的头部都有变形的过程，如图 9-117 所示。

图9-117

案例 2 转场动画练习

运用"CC Lens"制作风景收进眼睛的效果，将其作为两幅图片之间的转场动画。风景图片和眼睛图片位于两个图层，在准备过程中为两个图层添加了缩放等效果，并创建了父子关系，两幅图片会同步变化。

扫描图9-118所示二维码可观看制作转场动画的教学视频。

图9-118

操作步骤

01 执行"文件 - 打开项目"命令，打开"转场（初始）"项目，在时间轴面板中选中"c-01"图层，单击鼠标右键，在弹出的菜单中执行"效果 - 扭曲 -CC Lens"命令，如图9-119所示。

图9-119

02 按 U 键打开关键帧属性，将时间指示器拖曳到0帧，在效果控件面板中单击"Size"前的码表添加关键帧，并将"Size"调整为"500"，如图9-120所示。

图9-120

03 播放动画，在第3秒开始出现不透明度的变化，在这时将风景图缩小到瞳孔大小。在时间轴面板将时间指示器拖曳到3秒，在效果控件面板中将"Size"调整为"5"，将"Center"调整为"2805，1960"，效果如图9-121所示。调整"Center"是为了将缩小后的风景图放在瞳孔的位置。

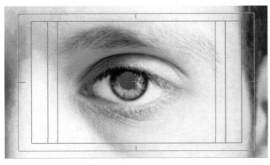

图9-121

04 渲染导出后查看制作的转场动画。最开始的风景图片向内收缩，一直收缩到人的瞳孔大小，消失在人的眼睛中，如图9-122所示。

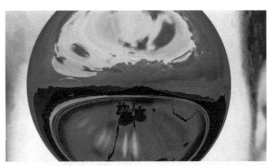

图9-122

案例 3 水滴下落动画练习

运用"CC Lens"制作一滴水滴，并将其与关键帧动画相结合，制作出水滴飘忽不定下落的效果。将其放到背景图片上，为其添加发光及耀斑，使水滴下落的动画更加真实。在初始项目中只有一个"水滴下落"合成与一幅"水滴背景"图片。

扫描图9-123所示二维码可观看制作水滴下落动画的教学视频。

图9-123

操作步骤

01 执行"文件-打开项目"命令，打开"水滴（初始）"项目，如图9-124所示。

图9-124

03 按S键，将"缩放"调整为"9"，单击鼠标右键，在弹出的菜单中执行"扭曲-CC Lens"命令，此时图片变为水滴大小的圆形。在效果控件面板中将"Size"调整为"126"，将"Convergence"调整为"100"，将"Center"调整为"625, 670"，效果如图9-126所示。"Center"可适当改变，以图中不出现黑洞为标准，文中所给数值为参考数值。设置"Center"的另一原因是接下来将制作中心点动画。

图9-126

02 在项目面板下方单击"新建合成"按钮，在弹出的"合成设置"对话框中将"合成名称"修改为"水滴"，将"持续时间"调整为"0:00:06:00"，单击"确定"按钮，将项目面板中的"水滴背景"图片拖入时间轴面板，如图9-125所示。

图9-125

04 水滴由上至下滴落，中心点也有从上到下的变化，水滴纹理会更加丰富，水滴会更加真实。单击向下拖曳中心点，不要出现黑洞，找到中心点动画结束时的位置，将"Center"调整为"625, 1330"。在时间轴面板将时间指示器拖曳到0帧，在效果控件面板中单击"Center"前的码表添加关键帧，将"Center"调整为"625, 670"，在时间轴面板将时间指示器拖曳到最后的位置，将"Center"调整为"625, 1330"，如图9-127所示。中心点动画制作完毕。

图9-127

05 单纯的中心点动画太过单调,因此要为"水滴"添加变换的动画。在时间轴面板中将时间指示器拖曳到 0 帧,在效果控件面板的空白处单击鼠标右键,在弹出的菜单中执行"扭曲 - 变换"命令,单击"倾斜"和"倾斜轴"前面的码表添加关键帧,将"倾斜"调整为"7",效果如图 9-128 所示。

图9-128

07 在时间轴面板中关闭"水滴"合成,回到项目面板,将"水滴"合成拖入时间轴面板作为"水滴下落"合成的"水滴"图层,使"水滴"图层在"水滴背景.jpg"图层的上层。按 P 键打开位置属性,如图 9-130 所示。接下来制作水滴下落的动画,水滴滴落到画面之外。

图9-130

09 真实的水滴有光泽度和耀斑,现在来为制作的水滴添加光泽度。在时间轴面板中选中"水滴"图层,单击鼠标右键,在弹出的菜单中执行"效果 - 风格化 - 发光"命令,如图 9-132 所示。

图9-132

06 在时间轴面板中将时间指示器拖曳到 2 秒,在效果控件面板中将"倾斜"调整为"12",将"倾斜轴"调整为"+55",效果如图 9-129 所示。同理,在第 4 秒和第 6 秒添加关键帧,将"倾斜"分别调整为"10"和"14",将"倾斜轴"分别调整为"+195"和"+212",水滴变换动画制作完成。

图9-129

08 在时间轴面板中将时间指示器拖曳到 0 帧,单击"位置"前的码表添加关键帧,将"位置"调整为"734,582",效果如图 9-131 所示。将时间指示器拖曳到最后,将"位置"调整为"734,1200",水滴下落动画制作完成。

图9-131

10 在效果控制面板中将"发光阈值"调整为"50",将"发光半径"调整为"24",将"发光强度"调整为"0.5",效果如图 9-133 所示。

图9-133

11 将"发光颜色"调整为"A 和 B 颜色",将"发光操作"调整为"柔光",将"颜色循环"调整为"锯齿 B>A",吸取图片中的颜色作为"颜色 A"和"颜色 B",如图 9-134 所示。

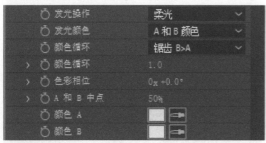

图9-134

13 为制作的水滴添加耀斑。在时间轴面板的空白处单击鼠标右键,在弹出的菜单中执行"新建 – 调整图层"命令,新建一个调整图层,如图 9-136 所示。

图9-136

15 将"Intensity"调整为"18",将"Radius"调整为"90",将"Warp Softness"调整为"0",取消勾选"Color From Source",效果如图 9-138 所示。制作的耀斑与图片中水滴上的耀斑更加相似。

图9-138

12 为制作的水滴添加完光泽度,效果如图 9-135 所示。"发光颜色"调整为"A 和 B 颜色"是因为水滴中黑色部分较多,使用"原始颜色"会出现黑边。

图9-135

14 在效果控件面板的空白处单击鼠标右键,在弹出的菜单中执行"生成 –CC Light Rays"命令,将"Center"调整为"790,450",效果如图 9-137 所示。

图9-137

16 为耀斑添加动画,使其随水滴移动。单击"Center"前的码表添加关键帧,将时间指示器拖曳到最后,将"Center"调整为"790,1130"。渲染输出动画,观看水滴下落视频,效果如图 9-139 所示。

图9-139

本节回顾

扫描图 9-140 所示二维码可回顾本节内容。

"Convergence"数值为负数时,画面向外扩张;数值为正数时,画面向内收缩。

图9-140

第5节 CC Light Burst 2.5（光爆发）

"CC Light Burst 2.5"位于"效果控件-生成"，其选项如图9-141所示，可实现光线缩放效果。

图9-141

知识点 1 CC Light Burst 2.5 应用

在片头制作中，可以运用"CC Light Burst 2.5"模拟强光放射的效果，如文字或LOGO发出的光束。在镜头合成制作中，可以运用"CC Light Burst 2.5"模拟阳光穿透空气的光线效果或灯光的光线效果，还可以运用"CC Light Burst 2.5"模拟穿梭转场效果。

图9-142为"CC Light Burst 2.5"使用前后的状态对比。

扫描图9-143所示二维码可观看"CC Light Burst 2.5"使用前后的对比视频。

图9-142　　　　　　　　　　图9-143

知识点 2 CC Light Burst 2.5 详解

"CC Light Burst 2.5"共有6个选项，如图9-144所示。

"Center"（中心）用于设置射线的中心点位置。

"Intensity"（强度）用于设置射线的强度，调整范围为"0~30000"。数值越大，强度越大，颜色越亮；数值越小，强度越小，颜色越接近原始颜色。

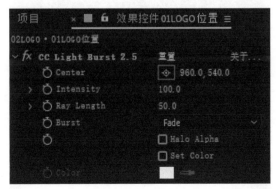

图9-144

"Ray Length"（射线长度）用于设置射线的长度，影响光线发散的范围，调整范围为"-1000~1000"。

"Burst"（爆破方式）用于设置射线的3种方式，选项包含"Straight"（直线）、"Fade"（衰减）和"Center"（中心）。

"Halo Alpha"用于设置透明通道光晕，锁定Alpha通道，将光线以Alpha通道向外发射。

"Set Color"用于设置射线颜色，以及自定义发光颜色。

案例 LOGO 发光练习

源文件已对LOGO标志和文字进行了处理，制作出了LOGO出现的动画。源文件已经是一个动画的成品文件，所以文档层级很多，现在要给该文件添加"CC Light Burst 2.5"，让LOGO出现动画发出爆发式的光线，使动画更加炫酷。

扫描图9-145所示二维码可观看LOGO发光教学视频。

图9-145

操作步骤

01 执行"文件 – 打开项目"命令，打开"LOGO发光（初始）"项目，如图9-146所示。

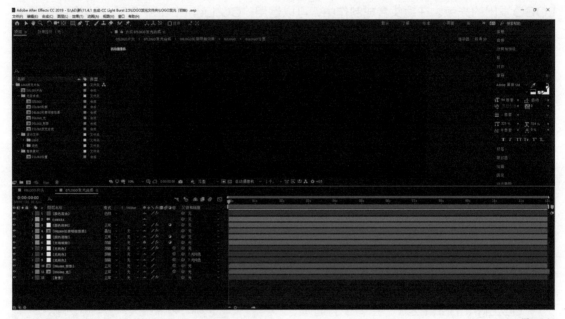

图9-146

02 在时间轴面板中选中"07LOGO发光合成 – 光线缩放"图层，单击鼠标右键，在弹出的菜单中执行"效果 – 生成 -CC Light Burst 2.5"命令，如图9-147所示。

03 在效果控件面板中，将"Intensity"调整为"350"，将"Ray Length"调整为"295"，效果如图9-148所示，LOGO产生了光线强烈发射的效果。

图9-147

图9-148

_04_ 将"08LOGO片头"渲染输出，查看动画的最终效果，如图9-149所示。

图9-149

本节回顾

　　扫描图9-150所示二维码可回顾本节内容。

　　一般情况下，将光线出现之前的动画做好，再添加"CC Light Burst 2.5"，简单调整参数就可以得到很好的光线发射效果。发光前的动画，如从左上到右下光线轨迹移动的动画要先设计好，然后在调整图层添加"CC Light Burst 2.5"。

图9-150

第6节　CC Light Sweep（扫光）

"CC Light Sweep"位于"效果控件–生成"，其选项如图9-151所示，可以用来在文字或物体上添加扫光的效果。

图9-151

知识点 1　CC Light Sweep 的应用

在片头制作中，可以运用"CC Light Sweep"模拟光线扫过的效果，如扫过文字或LOGO的光线，如图9-152所示。

扫描图9-153所示二维码可观看"CC Light Sweep"使用前后的对比视频。

图9-152　　　　　　图9-153

知识点 2　CC Light Sweep 详解

"CC Light Sweep"共有9个选项，如图9-154所示。

"Center"意为中心，用于设置扫光的中心点位置。

"Direction"意为方向，用于设置扫光的方向。

"Shape"意为形状，选项包括"Linear"（线性扫光）、"Smooth"（柔和扫光）和"Sharp"（清晰扫光）。

"Width"意为宽度，用于设置扫光的宽度，调整范围为"0~4000"。

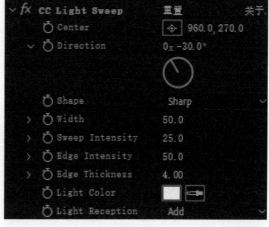

图9-154

"Sweep Intensity"意为扫光强度，用于设置扫光的强度，调整范围为"0~500"。

"Edge Intensity"意为边缘强度，用于设置添加扫光效果的素材的边缘光线强度，调整范围为"0~500"。

"Edge Thickness"意为边缘厚度，用于设置添加扫光效果的素材的边缘光线厚度，调整范围为"0~20"。

"Light Color"意为光线颜色，用于设置扫光光线的颜色。

"Light Reception"意为光线接收方式，选项包括"Add"（相加模式）、"Composite"（混合模式）和"Cutout"（裁切模式）。

案例 文字扫光效果练习

本案例将讲解对金属质感文字使用"CC Light Sweep"模拟光线扫过的效果。通过"02金属字"合成对文字进行处理，为其添加金属纹理，并通过添加"填充"和"发光"等效果使其具有立体感。接下来将为文字添加"CC Light Sweep"模拟金属反光的效果。

扫描图9-155所示二维码可观看文字扫光效果教学视频。

图9-155

操作步骤

01 执行"文件-打开项目"命令，打开"文字扫光（初始）"项目，如图9-156所示。

02 在项目面板中，双击"效果制作"下的"03c-01"，按空格键预览动画，1秒08帧时文字开始进入，1秒16帧时文字变得清晰，如图9-157所示。

图9-156

图9-157

03 在时间轴面板将时间指示器拖曳到1秒18帧，在此时开始添加扫光。双击"02金属字"图层，打开"02金属字"合成，时间指示器跳到10帧，如图9-158所示。因为"03c-01"的1秒18帧对应"02金属字"的10帧，所以时间指示器在"03c-01"的1秒18帧时，打开"02金属字"时间指示器跳到10帧。

04 单击"02金属字"合成，在空白处单击鼠标右键，在弹出的菜单中执行"新建-调整图层"命令。按F3键，在效果控件面板中单击鼠标右键，在弹出的菜单中执行"生成-CC Light Sweep"命令，将"Center"调整到左上角"400,445"，将"Direction"调整为"30°"，将"Sweep Intensity"调整为"70"，将"Width"调整为"25"，效果如图9-159所示。

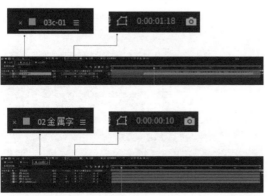

图9-158

图9-159

05 添加 "Center" 关键帧动画。单击打开 "Center" 前的码表添加关键帧。回到 "03c-01" 合成，按 U 键查看 "02 金属字" 图层关键帧，可以看到在 3 秒 23 帧，该图层开始模糊的动画，如图 9-160 所示。在这里结束扫光动画。

图9-160

07 按 U 键显示 "调整图层 2" 的关键帧，在时间轴面板选中两个关键帧，按 F9 键，将两个关键帧变为贝塞尔曲线，为 "Center" 关键帧动画添加变化，使其由慢变快再变慢。打开图表编辑器查看它的运动曲线，如图 9-162 所示。光线斜着扫过文字的动画完成。

图9-162

09 在时间轴面板选中 "调整图层 3" 图层，按 U 键显示其关键帧。将时间指示器拖曳到第 1 个关键帧，将 "Center" 调整到文字正下方 "960, 610"；将时间指示器拖曳到第两个关键帧，将 "Center" 调整到文字正上方 "960, 400"，如图 9-164 所示。

图9-164

06 将时间指针拖曳到 3 秒 23 帧，回到 "02 金属字" 合成，时间指针跳到 2 秒 15 帧。在效果控件面板中，将 "Center" 调整到右下角 "1580, 600"，效果如图 9-161 所示。扫光结束光线移出文字范围，这里的 "Center" 为参考值，实际操作中调至视觉舒适即可。

图9-161

08 用光效勾勒文字的边缘。在时间轴面板选中 "调整图层 2" 图层，按快捷键 Ctrl+D 复制一层，将上边的调整图层命名为 "调整图层 3"，在效果控件面板中将 "Direction" 调整为 "90"，将 "Light Color" 调整为蓝色（R21，G197，B255），如图 9-163 所示。

图9-163

10 按空格键预览动画，看到由左上到右下的白色扫光和右下到上的蓝色扫光，而这一步想要呈现的是用蓝色光勾勒文字边缘。在效果控件面板中，将 "Width" 调整为 "10"，将 "Sweep Intensity" 调整为 "6"，将 "Edge Intensity" 调整为 "227"，效果如图 9-165 所示。

图9-165

11 按空格键预览,会发现蓝色光太厚,感觉文字出现了凹陷,所以需要将边缘厚度降低。在效果控件面板中,将"Edge Thickness"调整为"23",如图9-166所示。此时,蓝色光打造出了更硬的边缘效果。

图9-166

12 在时间轴面板单击"04合成",按空格键预览动画,可以看到添加"CC Light Sweep"后的动画中文字的金属质感更加强烈,效果如图9-167所示。最后,渲染导出动画,这个案例就完成了。

图9-167

本节回顾

扫描图9-168所示二维码可回顾本节内容。

1.对各项数值的调整不是固定的,不必死记硬背参数,要理解调整数值的原因,只要调整之后达到自己想要的效果就可以。

2.打开本案例的源文件,在项目面板中,双击"文字替换"下的"01文字"。在时间轴面板中,替换文本图层中的文字,效果不会有变化。在影片或宣传片的开头,可能会有很多文字以相同的形式出现,使用这种方式非常方便。图9-169为将文字替换为"会当凌绝顶,一览众山小"的效果。

图9-168

图9-169

第7节 填充

"填充"位于"效果控件-生成",参数设置面板如图9-170所示。

"填充"是以指定的颜色对所选区域进行处理,可以作用于蒙版、纯色图层、文字图层,如图9-171所示。

图9-170

图9-171

知识点1 填充的应用

在片头制作中,可以运用"填充"模拟颜色闪烁的效果,也可以单独控制颜色的色相(H)、饱和度(S)、明度(L)3个颜色通道和透明度的变化。

霓虹灯颜色变化闪烁效果或画面的明暗闪烁效果等都可以用"填充"来实现,如图9-172所示。

扫描图9-173所示二维码可观看"填充"使用效果对比视频。

图9-172

图9-173

知识点2 填充详解

"填充"共有7个选项,如图9-174所示。

"填充蒙版"用于设置填充所选择的蒙版区域。

勾选"所有蒙版"可以填充所有蒙版。

"颜色"用于设置填充的颜色。

选择"反转"可以反转填充所选区域。

图9-174

"水平羽化"和"垂直羽化"是对蒙版进行水平、垂直方向的羽化,对蒙版边缘部分应用虚化,使蒙版能很好地与另一幅图片融合在一起。

选择"填充蒙版"后,"水平羽化"和"垂直羽化"才能调整羽化范围。

"不透明度"用于设置填充颜色的不透明度,而不是填充合成或图层的不透明度。

案例 随机霓虹灯效果练习

本案例利用两层随机填充图层的变化，使用"填充"设计制作霓虹灯效果。

制作难点：表达式滑块控制和调整图层相关联，制作随机颜色。

扫描图9-175所示二维码可观看填充效果教学视频。

图9-175

操作步骤

01 执行"文件-打开项目"命令，打开"随机填充(初始)"项目，如图9-176所示。

02 按快捷键Ctrl+D复制"霓虹灯.jpg"图层，得到复制图层，并将其命名为"霓虹灯复制.jpg"如图9-177所示。

图9-176

图9-177

03 将素材图片转为黑白图片。关闭"霓虹灯复制.jpg"图层前的"眼睛"按钮，不显示这个图层。选中"霓虹灯.jpg"图层，按F3键，在效果控件面板的空白处单击鼠标右键，在弹出的菜单中执行"颜色校正-色调"命令，将图片转成黑白效果，如图9-178所示。

04 在"霓虹灯.jpg"图层的"轨道遮罩"的下拉框中选择"亮度反转遮罩"。关闭"BG"图层前的"眼睛"按钮，不显示这个图层。单击查看器面板下方的"切换透明网格"按钮，颜色较亮的英文字体部分变为透明，字体周围光效变为半透明状态，效果如图9-179所示。

图9-178

图9-179

提示 "切换透明网格"按钮◻用于切换透明背景。

05 在时间轴面板的空白处单击鼠标右键，在弹出的菜单中执行"新建-纯色"命令，新建纯色图层，并将其命名为"黑色纯色2.jpg"。在效果控件面板的空白处单击鼠标右键，在弹出的菜单中执行"生成-填充"命令。"填充"颜色默认为红色，图片变为红色霓虹灯效果，如图9-180所示。

06 选中"黑色纯色2"图层，单击 按钮，将普通图层转换为3D图层。在时间轴面板的空白处单击鼠标右键，在弹出的菜单中执行"新建-调整图层"命令。选中"调整图层2"图层，在效果控件面板的空白处单击鼠标右键，在弹出的菜单中执行"颜色校正-曲线"命令，加强图片对比度，将字母周围的白边消除，效果如图9-181所示。

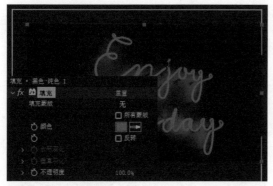

图9-180

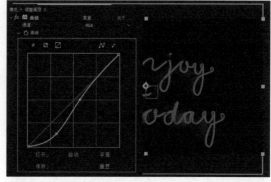

图9-181

07 为加强视觉冲击，将"黑色纯色2"图层的红色改为黄色。选中"调整图层2"图层，在效果控件面板的空白处单击鼠标右键，在弹出的菜单中执行"风格化-发光"命令，将"发光阈值"调整为"80"，将"发光半径"调整为"200"，产生字母颜色外扩发光的辉光效果，如图9-182所示。

08 选中"黑色纯色2"图层，在效果控件面板中按Alt键，同时单击颜色前的码表，打开颜色表达式窗口，输入表达式"seedRandom(Math.floor(thisComp.layer(), timeless = true)"，如图9-183所示。

图9-182

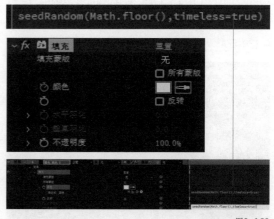

图9-183

09 选中"调整图层2"图层，在效果控件面板的空白处单击鼠标右键，在弹出的菜单中执行"表达式控制-滑块控制"命令，在时间轴面板中将"滑块控制"重命名为"颜色控制"，效果如图9-184所示。

图9-184

10 建立随机种子,利用"滑块"控制颜色。单击效果控件前的 🔒 按钮,锁定效果控件。选中"黑色纯色2"图层,打开表达式窗口,在随机种子"Math.floor()"的括号中单击鼠标左键,然后将"表达式关联器"🔘 拖曳到"调整图层2"效果控件面板中"滑块"处,将两者链接在一起,效果如图9-185所示。

图9-185

11 修改表达式参数,如图9-186所示。

"seedRandom(Math.floor(thisComp.layer(" 调整图层 2").effect(" 随机色调 ")(" 滑块 ")), timeless = true)

H=random();

S=1;

L=0.8;

hslToRgb([H,S,L,1.0])"

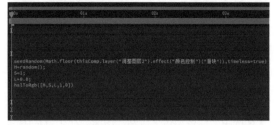

图9-186

12 表达式参数设置完成,提示公式错误信息消失,拖曳滑块,颜色随机发生变化,如图9-187所示。

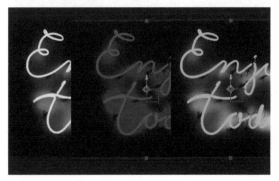

图9-187

13 选中"调整图层2"图层,单击效果控件前的 🔒 按钮,将时间指示器拖曳到0帧,单击"滑块"前的码表添加关键帧,如图9-188所示。

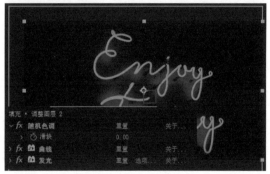

图9-188

14 将时间指示器拖曳到1秒,将"滑块"调整为"3",系统在当前时间位置自动生成一个关键帧,如图9-189所示。

图9-189

15 将时间指示器拖曳到2秒,将"滑块"调整为"50",系统在当前时间位置自动生成一个关键帧,如图9-190所示。

图9-190

16 将时间指示器拖曳到 5 秒 24 帧,将"滑块"调整为"25",系统在当前时间位置自动生成一个关键帧,如图 9-191 所示。

图9-191

17 利用两层随机填充图层的变化,打造丰富的霓虹灯效果。按快捷键 Ctrl+D 复制"黑色纯色 2"图层,得到"黑色纯色 2 复制"图层,隐藏"黑色纯色 2"图层,打开"BG"图层前的"眼睛"按钮,显示"BG"图层,如图 9-192 所示。

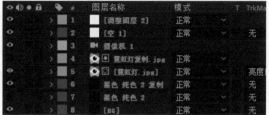

图9-192

18 选中"黑色纯色 2 复制"图层,在工具栏中选择钢笔工具,在查看器面板中随机绘制遮罩,如图 9-193 所示。

图9-193

19 按 F 键,将"蒙版羽化属性"调整为"150",如图 9-194 所示。

图9-194

20 在影片或项目中经常要使用"填充"效果改变颜色。本案例利用两层随机填充图层的变化,做出了霓虹灯的变化效果,如图 9-195 所示。

图9-195

本节回顾

扫描图 9-196 所示二维码可回顾本节内容。

图9-196

第8节 投影

"投影"位于"效果控件–透视",其选项如图9-197所示,可为图层添加阴影,以及根据图层的Alpha通道确定阴影的形状。

"投影"可在图层的边界外部创建阴影,其不受图层边界控制,阴影边缘的平滑度受图层品质影响。

图9-197

知识点 1 投影的应用

在影片制作中,可以运用"投影"模拟物体投影的立体效果。

需要注意的是,若想将"投影"应用到具有"扭曲"的图层,要先对图层使用"扭曲",然后应用"投影",否则投影的方向会和图层一起扭曲到其他方向。所以,一般"投影"在其他效果的下方。使用嵌套、预合成或调整图层也可以实现此效果。

图9-198为使用"投影"前后的效果。左侧图片是原始图片;右侧图片为使用"投影"模拟物体阴影的效果。

扫描图9-199所示二维码可观看"投影"使用前后的对比视频。

图9-198　　　　　　　　　图9-199

知识点 2 投影详解

"投影"共有6个选项,如图9-200所示。

"阴影颜色"用于设置投影的颜色。

"不透明度"用于设置阴影的不透明度。

"方向"用于设置投影的方向。

"距离"用于设置阴影从图层落到表面的距离。

图9-200

"柔和度"用于设置阴影边缘的柔和程度。

勾选"仅阴影"选项后查看器面板中只显示阴影而不显示图像。

案例 纸质场景阴影练习

　　源文件已完成纸张场景的动画，地面、猴子、柳树、长颈鹿、大树、彩虹、白云和太阳依次以不同的方式出现在纸张背景上。

　　本案例将主要使用"投影"模拟光线照射的感觉，拉开各个物体的层次，打造空间感，还将对项目进行简单调色，添加暗角，使光线照射的感觉更加明显。

　　扫描图9-201所示二维码可观看纸质场景阴影教学视频。

图9-201

操作步骤

01 执行"文件–打开项目"命令，打开"纸质场景阴影（初始）"项目，如图9-202所示。

02 在时间轴面板中，将时间指示器拖曳到5秒左右，此时所有物体都出现在查看器面板中，如图9-203所示。

图9-202

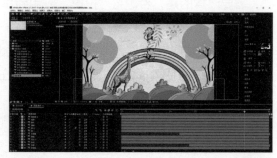

图9-203

03 为此项目添加投影。选中"地面"图层，单击鼠标右键，在弹出的菜单中执行"效果–透视–投影"命令，在效果控件面板中将"方向"调整为"290"，将"距离"调整为"100"，将"柔和"调整为"30"，效果如图9-204所示。模拟光线从右下方向上照射的感觉，调整"距离"是为了打造空间感，不同层次的物体的"距离"不同。

04 选中"投影"，按快捷键Ctrl+C复制"投影"，在时间轴面板选中"猴子"图层，按快捷键Ctrl+V粘贴"投影"，在效果控件面板中，将"距离"调整为"70"，效果如图9-205所示。改变"距离"，让"猴子"图层距离背景更近，可以拉开物体的层次。

图9-204

图9-205

05 选中"投影"，按快捷键 Ctrl+C 复制"投影"，在时间轴面板中，选中"柳树"图层，按快捷键 Ctrl+V 粘贴"投影"，效果如图 9-206 所示。因为猴子和柳树在同一层，所以不需要调整参数。

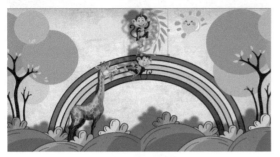

图9-206

06 选中"长颈鹿"图层，按快捷键 Ctrl+V 粘贴"投影"，在效果控件面板中将"距离"调整为"50"，效果如图 9-207 所示。此时长颈鹿看起来距离背景更近一些。

图9-207

07 同理，为其他图层添加"投影"。将"树2"图层和"树"图层的"距离"调整为"25"，将"彩虹"图层、"白云2"图层和"白云"图层的"距离"调整为"20"，将"太阳"图层的"距离"调整为"10"，效果如图 9-208 所示。

图9-208

08 利用"投影"的不同"距离"制作出了相对的空间感，接下来添加调整图层，调整颜色并添加暗角，使光线照射的感觉更加明显。在时间轴面板的空白处单击鼠标右键，在弹出的菜单中执行"新建 - 调整图层"命令，得到"调整图层"图层，如图 9-209 所示。

图9-209

09 选中"调整图层"，在工具栏中用鼠标左键长按图形工具，在弹出的拓展菜单中双击椭圆形工具，系统将创建与"调整图层"相匹配的椭圆形作为其蒙版。将椭圆形调整为不规则图形，如图 9-210 所示。

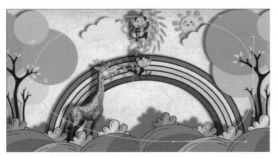

图9-210

10 在时间轴面板中选中"调整图层"，在效果控件面板中单击鼠标右键，执行"效果校正 - 亮度和对比度"命令，将"亮度"调整为"-150"。在时间轴面板中勾选"调整图层"下"蒙版1"后的"反转"，制作暗角效果，如图 9-211 所示。

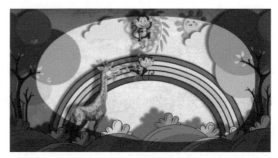

图9-211

11 按 F 键调出"蒙版1"的"蒙版羽化"属性,将"蒙版羽化"调整为"200"。这样,暗角边缘会有羽化的过渡,更加自然,效果如图 9-212 所示。

12 渲染输出,查看动画的最终效果。"投影"的加入,增强了画面的空间感和层次感,添加暗角让光线的照射感更明显,如图 9-213 所示。

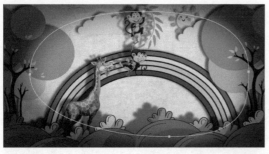

图9-212

图9-213

本节回顾

扫描图 9-214 所示二维码可回顾本节内容。

1.在某些情况下,"投影"图层样式比"投影"效果更好。在时间轴面板中,选中文字图层时,单击鼠标右键,在弹出的菜单中执行"图层样式-投影"命令,可以为文字添加投影,而且可以调整更多参数,如图 9-215 所示。

图9-214

图9-215

2.若想将"投影"应用到具有"扭曲"效果的图层,要先对图层使用"扭曲",然后应用"投影",否则投影的方向会和图层一起扭曲到其他方向。所以一般"投影"在其他效果的下方。使用嵌套、预合成或调整图层,也可以实现物体不论如何扭曲,投影都固定在设定的方向上。

第9节 斜面Alpha

"斜面Alpha"位于"效果控件－透视",参数设置面板如图9-216所示。

图9-216

"斜面Alpha"效果可为图像的 Alpha 边界增添凿刻、明亮的外观,常用于为 2D 元素增添 3D 外观效果。如果图层完全不透明,效果则将应用到图层的定界框。"斜面Alpha"效果是通过多个面创建的较为平缓的立体效果,比通过边缘斜面效果创建的边缘柔和。"斜面Alpha"效果适合在文本元素中使用。

对于某些用途,"斜面和浮雕"图层样式比"斜面Alpha"效果更好。例如,要将不同的混合模式应用到某斜面的高光和阴影,要使用"斜面和浮雕"图层样式而非"斜面Alpha"效果。"斜面Alpha"不能单独控制"阴影模式"或"高亮模式"的叠加方式。

知识点 1 斜面 Alpha 的应用

在影片制作中,可以运用"斜面Alpha"将2D的平面文字做出3D立体文字的效果,也可以增加非常大的边缘厚度,产生一些文字肌理的效果。

知识点 2 斜面 Alpha 详解

"斜面Alpha"共4个选项,如图9-217所示。

"边缘厚度"用于设置斜面的宽度,滑杆调整数值范围是"0~10";如果通过输入数值,可调数值范围为"0~200"。

图9-217

"灯光角度"用于设置照射图像的灯光角度。

"灯光颜色"用于设置图像反射的灯光颜色,图像高光部分为光源色,阴影部分为高光颜色补色。

"灯光强度"用于设置灯光的强度,灯光强度越强,斜面的明暗对比和颜色饱和度越强。

图9-218所示为"斜面Alpha"使用前后效果的对比。

扫描图9-219所示二维码可观看"斜面Alpha"使用效果的对比视频。

图9-218

图9-219

案例 突出文字效果练习

　　本案例利用"斜面Alpha"效果，突出文字，制作由2D平面变成3D立体的文字效果。

　　扫描图9-220所示二维码可观看"斜面Alpha"效果教学视频。

图9-220

操作步骤

01 执行"文件-打开项目"命令，打开"突出文字（初始）"项目，如图9-221所示。

图9-221

03 为4个图层添加位移动画、推进动画，并添加摄像机，使文字透视角度和背景一致，如图9-223所示。具体参数详见初始源文件，本案例不进行具体讲解。

图9-223

05 展开查看器面板右侧的字符面板，单击字符颜色，将文字颜色改为白色，此时文字变为透明，效果如图9-225所示。

图9-225

02 为4个图层依次添加不透明度效果，参数如图9-222所示。

图9-222

04 双击"办公室01"图层，进入"办公室01"合成，选中"找到 目标"图层，按F3键，在效果控件面板的空白处单击鼠标右键，在弹出的菜单中执行"透视-斜面Alpha"命令，如图9-224所示。

图9-224

06 将时间指示器拖曳到0帧，单击"边缘厚度"前的码表添加关键帧，将"边缘厚度"调整为"0"，系统在当前时间位置自动生成一个关键帧，如图9-226所示。

图9-226

07 将时间指示器拖曳到1秒11帧，将"边缘厚度"调整为"6"，将"灯光角度"调整为"27"，将"灯光强度"调整为"1"，系统在当前时间位置自动生成一个关键帧，如图9-227所示。

图9-227

08 在效果控件面板的空白处单击鼠标右键，在弹出的菜单中执行"颜色校正-曲线"命令。将"RGB"通道调整为"蓝色"，效果如图9-228所示。

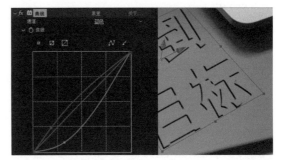

图9-228

09 在时间轴面板中，同时选中0帧和1秒11帧两个关键帧，按F9键，打开图表编辑器，设置关键帧缓入缓出的柔缓曲线效果，如图9-229所示。

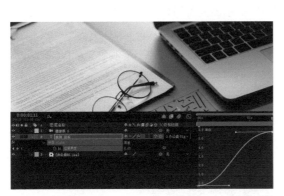

图9-229

10 在效果控件面板中，按快捷键Ctrl+C复制"斜面Alpha"和"曲线"，进入"办公室02"合成，选中"制定 策略"图层，将时间指示器拖曳到0帧，按快捷键Ctrl+V，在效果控件面板粘贴效果，如图9-230所示。

图9-230

11 在字符面板中，将文字颜色改为白色，文字变为透明，效果如图9-231所示。

图9-231

12 在效果控件面板中，将"灯光角度"调整为"1"，效果如图9-232所示。

图9-232

13 在效果控件面板中,选中"斜面 Alpha"和"曲线"效果,按快捷键 Ctrl+C 复制,进入"办公桌 03"合成,选中"努力 工作"图层,将时间指示器拖曳到 0 帧,按快捷键 Ctrl+V,在效果控件面板粘贴效果,如图 9-233 所示。

图9-233

15 选中"努力 工作"图层,将时间指示器拖曳到 1 秒 11 帧,在效果控件面板中,将"边缘厚度"调整为"3",如图 9-235 所示。

图9-235

17 在字符面板,将文字颜色改为白色,文字变为透明,效果如图 9-237 所示。

图9-237

14 选择项目面板的右侧字符面板,将文字颜色改为白色,文字变为透明。在时间轴面板中,将"努力 工作"图层的"模式"调整为"相乘",效果如图 9-234 所示。

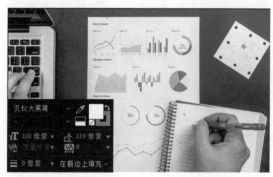

图9-234

16 进入"办公室 02"合成,在效果控件面板中,选中"斜面 Alpha"和"曲线"效果,按快捷键 Ctrl+C 复制,进入"商业楼 04"合成,选中"提升 自我"图层,将时间指示器拖曳到 0 帧,按快捷键 Ctrl+V,在效果控件面板粘贴效果,如图 9-236 所示。

图9-236

18 在效果控件面板中,将"灯光角度"调整为"-55",效果如图 9-238 所示。

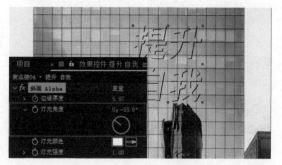

图9-238

19 单击效果控件面板中的"灯光颜色"色框，在弹出的对话框中，单击"吸管工具"吸取楼宇的"桔色"，这时文字阴影变成灯光颜色的补色"蓝色"，有利于文字更好地和镜头融合，效果如图9-239所示。

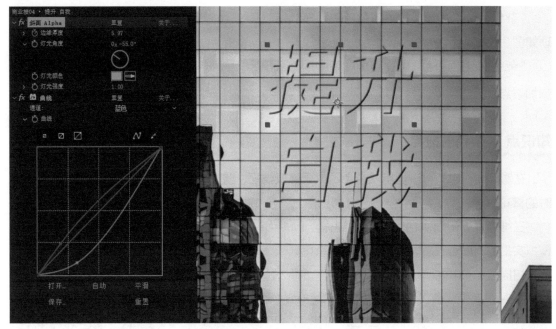

图9-239

> **提示** "相乘"模式是一种减色混合模式，可以把文字中白色的信息过滤掉，使白色变为透明，只留下黑色，而灰色会成为不同透明度的黑色呈现出来。与"相乘"模式相反的是"屏幕"模式。"屏幕"模式是一种加色混合模式，可以过滤掉黑色的信息，使黑色变为透明。

本节回顾

扫描图9-240所示二维码可回顾本节内容。

1."斜面Alpha"可以突出文字，制作由2D平面变成3D立体的文字效果。

2."相乘"模式是一种减色混合模式，可以把文字中白色的信息过滤掉，使白色变为透明，只留下黑色，而灰色会成为不同透明度的黑色呈现出来。在项目制作过程中要把文字变为"相乘"模式。

图9-240

第10节 杂色

　　"杂色"位于"效果控件–杂色和颗粒",其选项如图9-241所示。

图9-241

　　"杂色"效果可随机更改整个图像中的像素值,添加杂点。

知识点 1　杂色的应用

　　在影片制作中,可以运用"杂色"效果模拟电视、监控等屏幕画面的显示效果或信号不好时的雪花效果。

　　三维场景或使用After Effects制作出来的片头动画,画面过于干净,如果想要得到一些模拟实拍的画面颗粒感,可以适当添加杂色效果,如图9-242所示。

　　扫描图9-243所示二维码可观看"杂色"效果使用前后的对比视频。

图9-242　　　　　　　　　　图9-243

知识点 2　杂色详解

　　"杂色"选项如图9-244所示。

　　"杂色数量"用于设置要添加的杂色的数量。

图9-244

　　"杂色类型"可将随机值单独添加到红色、绿色和蓝色通道中。若不单独添加,则将同一随机值添加到每个像素的所有通道。

　　"剪切"用于设置剪切颜色通道值。取消选择此选项可导致更明显的杂色。

案例　老电视效果练习

　　本案例利用"杂色"效果模拟老电视中的雪花屏幕,将胶片颗粒添加到图片对象中,使其合并到项目合成场景中。

　　扫描图9-245所示二维码可观看教学视频。

图9-245

操作步骤

01 执行"文件 - 打开项目"命令，打开"老电视效果（初始）"项目，如图9-246所示。

图9-246

02 进入"01电视画面"合成，依次对6幅照片设置画面"位移"和"缩放"动画，动画参数参考初始源文件，如图9-247所示。

图9-247

03 选中"电视杂色"图层，按F3键，在效果控件面板的空白处单击鼠标右键，在弹出的菜单中执行"颜色校正 - 颜色平衡"命令，将"饱和度"调整为"-33"。执行"颜色校正 - 色调"命令，将"着色数量"调整为"100"，如图9-248所示。

图9-248

04 执行"杂色和颗粒 - 杂色"命令，将"杂色数量"调整为"60"，取消勾选"使用杂色"，显示黑色杂色效果。执行"过渡 - 百叶窗"命令，将"过渡完成"调整为"13"，将"方向"调整为"-90"，将"宽度"调整为"10"，将"羽化"调整为"2"，如图9-249所示。

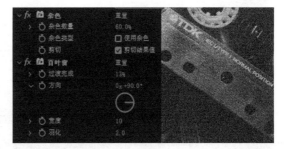

图9-249

05 进入"02电视合成"合成，选中"01电视画面"图层，按快捷键Ctrl+D复制一层。同理，再复制两层"01电视画面"，对每层合成图层设置"发光"和"快速模糊"效果，具体参数参考初始源文件，效果如图9-250所示。

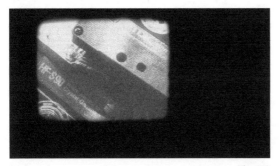

图9-250

06 进入"01电视画面"合成，按快捷键Ctrl+C复制"杂色"效果和"百叶窗"效果，进入"02电视合成"合成，选中第3层"01电视画面"图层，按快捷键Ctrl+V在效果控件面板粘贴效果。勾选"使用杂色"，使用带颜色的杂色颗粒，如图9-251所示。

图9-251

07 选择第1层"01电视画面"图层，在效果和预设面板中搜索"闪烁"，双击搜索结果"不透明闪烁－随机"，将效果作用于图层，如图9-252所示。

08 把工作区域定格在2秒，按N键，确定渲染工作区的范围，按空格键，预览规定时间内的渲染视频。将"闪烁频率"调整为"97"，将"不稳定闪烁"调整为"900"，如图9-253所示。

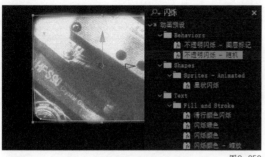

图9-252

图9-253

09 选中第1层"01电视画面"图层，在效果控件面板中选中"不闪烁透明－随机"效果和"SolidComposite"效果，按快捷键Ctrl+C复制，选中第2层"01电视画面"图层，按快捷键Ctrl+V在效果控件面板粘贴效果，效果如图9-254所示。

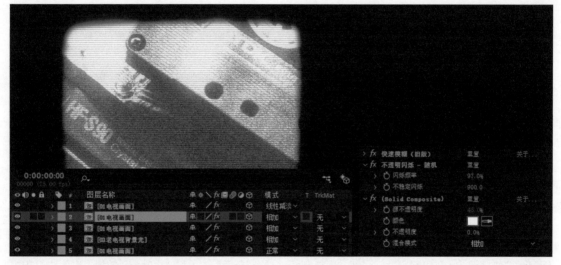

图9-254

10 选中"03老电视背景光"图层，在效果控件面板添加两个"发光"效果，参数如图9-255所示。

11 选中第5层"01电视画面"图层，制作辉光效果。在效果控件面板中添加"定向模糊"和"快速模糊"效果，参数如图9-256所示。

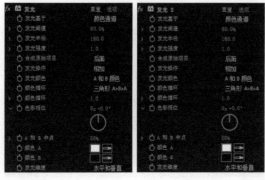

图9-255

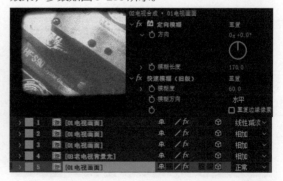

图9-256

12 选择"02电视合成"合成，在效果控件面板的空白处单击鼠标右键，在弹出的菜单中执行"风格化-发光"命令，将"发光阈值"调整为"25"，将"发光半径"调整为"150"，将"发光半径"调整为"0.1"，效果如图9-257所示。

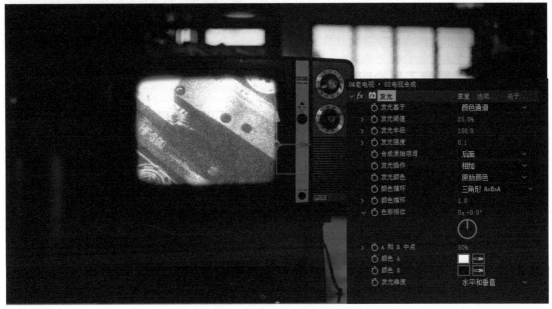

图9-257

本节回顾

扫描图9-258所示二维码可回顾本节内容。

利用"杂色"结合"百叶窗"可制作出电视雪花横纹效果，运用效果和预设面板中的"不透明闪烁-随机"命令可制作出闪烁效果。通过5层图层"蒙版羽化"效果叠加，可得到画面在电视中的反射效果。

图9-258

第11节 简单阻塞工具

"简单阻塞工具"位于"效果控件-遮罩",其选项如图9-259所示,主要用来修改图层或合成的遮罩,控制遮罩收缩或扩张。

图9-259

知识点 1 简单阻塞工具的应用

"简单阻塞工具"可以用来制作图形相融的动态效果和增强文字光泽度等。

制作图形相融的动态效果

在MG动画中经常应用"简单阻塞工具"收缩遮罩,制作图形"相融"的动效。注意:应用"简单阻塞工具"制作"相融"动效时,图形的大小会有损失。

文字图层可用"简单阻塞工具"实现加粗字体,以及模拟文字"相融出现"的效果。

图9-260为应用"简单阻塞工具"前后的对比效果。在左侧的图片中,圆形在分裂时,边缘很生硬;右侧的图片为使用"简单阻塞工具"后的效果,圆形的分裂有"相融"的效果,在分裂时边缘相对圆滑,文字逐渐变粗。

扫描图9-261所示二维码可观看图形相融效果视频。

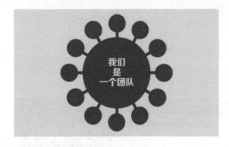
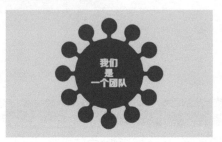

图9-260

图9-261

制作文字的光泽度图层

在文字动画中经常应用"简单阻塞工具"来收缩遮罩,制作文字光泽度图层,增加文字图层的光泽度。

在图9-262中,左侧图片为原始效果,右侧图片为使用"简单阻塞工具"后的效果,文字的局部区域添加了光泽。

扫描图9-263所示二维码可观看文字光泽度效果视频。

图9-262

图9-263

知识点2 简单阻塞工具详解

"简单阻塞工具"有"视图"与"阻塞遮罩"两个选项，如图9-264所示。

图9-264

"视图"后的下拉框中有"最终输出"和"遮罩"两个选项，如图9-265所示。选择"最终输出"选项，在查看器面板中将显示动画最终输出的视觉效果；选择"遮罩"选项，在查看器面板中将显示遮罩的黑白通道效果。

图9-265

"阻塞遮罩"用于控制遮罩的收缩和扩张。"阻塞遮罩"参数为正数则遮罩收缩，"阻塞遮罩"参数为负数则遮罩扩张。在"阻塞遮罩"后可以按住鼠标左键向左右拖曳调整数值，或在输入框中调整数值，数值的调整范围为"–100~100"；使用"阻塞遮罩"下的滑杆可以调整参数，范围为"–10~10"，如图9-266所示。

图9-266

案例1 MG动画中的融合效果练习

在动画中为圆形添加相融的效果，使圆形在分裂时有水滴从液体当中分离出来的效果，分裂出来的圆形与原本的圆形有粘连的效果。

为文字添加融合进入效果，在圆形向外分裂时，字体变粗；整个图形收缩时，字体也跟着收缩为正常的字体。

扫描图9-267所示二维码可观看MG动画融合效果教学视频。

图9-267

操作步骤

01 执行"文件-打开项目"命令，打开"MG相融动效（初始）.aep"项目，如图9-268所示。

02 在时间轴面板的"Liquids bals"图层上单击鼠标右键，在弹出的菜单中执行"效果-遮罩-简单阻塞工具"命令，如图9-269所示。

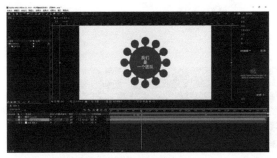

图9-268

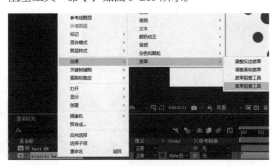

图9-269

03 效果控件面板显示的是添加在"Liquids bals"图层上的"简单阻塞工具"的相关信息，如图9-270所示。

图9-270

04 为此项目添加效果动画。在时间轴面板将时间指示器拖曳到18帧，并在效果控件面板中单击"阻塞遮罩"前的码表添加关键帧，按U键显示关键帧，如图9-271所示。

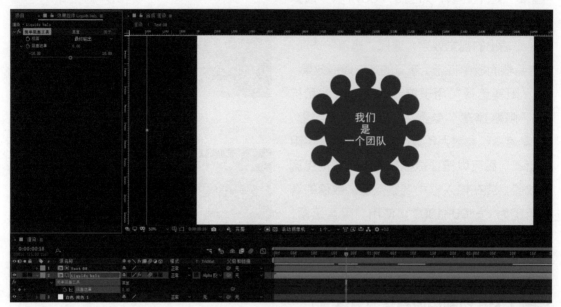

图9-271

05 在效果控件面板中将第18帧位置的"阻塞遮罩"调整为"10"，如图9-272所示。对比图9-271和图9-272查看器面板中的图形，可以看到相较于调整"阻塞遮罩"之前，分裂出来的圆形边缘整体缩小了一圈。

图9-272

06 在时间轴面板中将时间指示器拖曳到1秒18帧，添加关键帧，在效果控件面板中将"阻塞遮罩"调整为"20"，可以看到分裂出来的圆形边缘整体又小了一圈，有更加分裂的效果，如图9-273所示。到此，图形的分裂动画制作完毕。

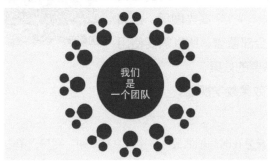

图9-273

08 在时间轴面板中将时间指示器拖曳到0帧，在效果控件面板中单击"阻塞遮罩"前的码表添加关键帧，按U键显示关键帧，在时间轴面板中将"阻塞遮罩"调整为"25"，效果控件面板中的"阻塞遮罩"同步为"25"，如图9-275所示。

图9-275

10 播放动画，在1秒11帧时圆形有一个向内收缩的动作。在时间轴面板中将时间指示器拖曳到1秒11帧，将"阻塞遮罩"调整为"0"，可以使文字还原，效果如图9-277所示。

图9-277

07 制作文字图层的动画效果。在时间轴面板中选中"Text 08"图层，单击鼠标右键，在弹出的菜单中执行"效果-遮罩-简单阻塞工具"命令，如图9-274所示。

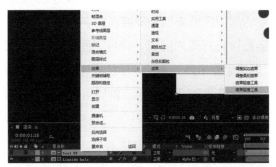

图9-274

09 播放动画，在18帧时圆形向外分裂。在时间轴面板中将时间指示器拖曳到18帧，将"阻塞遮罩"调整为"-2.8"，效果如图9-276所示。将"阻塞遮罩"调整为负值，可以为文字添加变粗的效果。

图9-276

11 渲染导出后，查看制作的MG相融动画。圆形分裂有粘连的"相融"效果，文字有变粗到还原的效果，如图9-278所示。

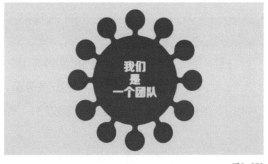

图9-278

案例 2　文字光泽度效果练习

　　文字光泽度效果初始文件使用了4层不同的3D图层，制作出文字的立体效果。这4个3D图层分别用来模拟整个文字的中间色调、肌理、边缘轮廓和阴影图层。为了让整个文字的纹理看起来更加丰富，需要在文字的局部区域增加光泽度。文字的最上面已经制作了1个高光图层，但如果直接打开高光图层，会将下面的4个3D图层全部覆盖，所以需要使用"简单阻塞工具"来控制添加高光区域，以达到需要的效果。

图9-279

　　扫描图9-279所示二维码可观看文字光泽度效果教学视频。

操作步骤

01 执行"文件→打开项目"命令，打开"文字光泽度效果（初始）.aep"项目，如图9-280所示。

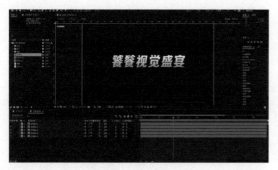

图9-280

02 在时间轴面板中选中"文字05-l"图层，单击鼠标右键，在弹出的菜单中执行"效果－遮罩－简单阻塞工具"命令，如图9-281所示。

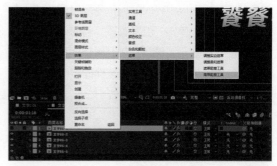

图9-281

03 在效果控件面板中单击"阻塞遮罩"前的码表，将"阻塞遮罩"调整为"5"，将"简单阻塞工具"放置于"投影"效果之上，如图9-282所示。

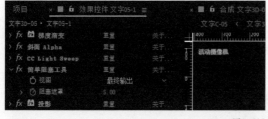

图9-282

04 渲染导出后，查看文字光泽度效果。缩小了"文字05-l"图层的遮罩为文字表面的局部区域添加了高光，保留了其他图层的效果，如图9-283所示。

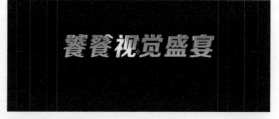

图9-283

本节回顾

　　扫描图9-284所示二维码可回顾本节内容。

1. "简单阻塞工具"操作的对象是通道，所以文件中先要有通道。

2. "阻塞遮罩"为正数则遮罩收缩，"阻塞遮罩"为负数则遮罩扩张。

图9-284

第 **10** 课

3D特性

在影片制作中经常会将3D图层与实拍镜头合成，打造符合实拍镜头的透视和阴影关系。利用摄像机图层可以制造出镜头各元素之间的空间感，模拟真实的镜头深度和摄像机行为，增加镜头的真实感。这些都离不开图层的3D特性。

本课主要讲解3D特性的相关知识。

第1节 3D图层

3D图层能让图层获得与"深度（z）"相关的属性，以及"材质选项"属性，但图层仍是平面图层。普通图层不能与灯光图层和摄像机交互，只有将图层转化为3D图层才能与摄像机有透视关系的变化，以及与灯光图层有阴影和光照的交互。

> **提示** "材质选项"属性用于指定图层与光照和阴影交互时的表面材质。

知识点 1 3D 图层的应用

在影片制作中经常会将3D图层与实拍镜头进行合成，利用摄像机图层和灯光图层，打造符合实拍镜头的真实透视和阴影关系。

图10-1所示为应用3D图层前后的效果对比。

扫描图10-2所示二维码可观看应用3D图层前后的对比视频。

图10-1   图10-2

知识点 2 3D 图层的转换

将图层转换为3D图层后，图层的"位置""锚点"和"缩放"属性会增加深度值(z)，并增加"方向"的x、y、z轴旋转，"旋转"属性也被分成"X 旋转""Y 旋转"和"Z 旋转"，图层还增加了"材质选项"属性。在图10-3中，左图为2D图层的属性，右图为2D图层转换为3D图层后的属性。

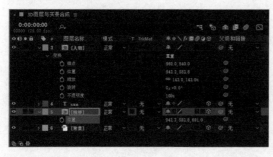
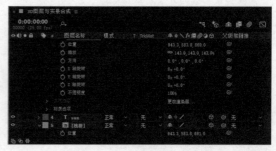

图10-3

将3D图层转换回2D图层后，所有附加属性的值、关键帧和表达式将被删除，且无法再次转换回3D图层来恢复这些值。"锚点""位置"和"缩放"属性与其关键帧和表达式依然存在，但其z值将被隐藏和忽略。

将图层转换为 3D 图层

在时间轴面板中，单击某一图层后的"3D图层"按钮◪，如图10-4所示，可将图层转换为3D图层；选中图层后，单击鼠标右键，在弹出的菜单中执行"3D图层"命令，也可将图层转换为3D图层。将3D图层转换回2D图层的方法与上述方法相同。

图10-4

将文本图层转换为启用了"逐字 3D 化"属性的 3D 图层

在时间轴面板中选中文本图层，执行"动画-动画文本-启用逐字 3D 化"命令，该文本图层后的"3D图层"按钮将变为两个正方体◪，每一个文字将变为独立的3D文字。此时，可以单独对某一个文字进行操作，使其移动、旋转等。

知识点 3 3D 图层详解

下面从显示或隐藏3D轴和图层控件、移动3D图层、旋转或定位3D图层，以及轴模式角度来详细讲解3D图层。

显示或隐藏 3D 轴和图层控件

通常情况下，图层控件是隐藏的。执行"视图-显示图层控件"命令，可显示3D轴、摄像机和光照线框图标、图层手柄及目标点。3D 轴由不同颜色标志的箭头组成，x轴为红色、y轴为绿色、z轴为蓝色，如图10-5所示。

图10-5

单击查看器面板底部的"选择网格和参考线选项"按钮▣，执行"3D 参考轴"命令，在查看器面板的左下角会显示整个图层的x轴、y轴和z轴的方向。

> 提示 如果要操作的轴难以查看，可以在查看器面板底部的"选择视图布局"下拉框中选择不同的视图设置。

移动 3D 图层

在时间轴面板中，选中要移动的3D图层，执行以下操作之一可移动3D图层。

在查看器面板中，使用选取工具，向x轴、y轴或z轴方向拖曳。按住Shift键的同时，向x轴、y轴或z轴方向拖曳，可更快速地移动图层。

在时间轴面板中，按 P 键调出该图层的"位置"属性，修改"位置"属性值。

> 提示 在时间轴面板中选中图层，执行"图层-变换-视点居中"命令，可使其锚点位于当前视图的中心。

旋转或定位 3D 图层

在时间轴面板中，选中要旋转或定位的3D图层，按R键调出该图层的"方向"或"旋转"属性，更改图层的"方向"或"旋转"属性值，转动3D图层，图层就都会依据锚点转动。

制作3D图层动画时，更改"方向"属性使图层转动的效果与更改"旋转"属性使图层转动的效果之间存在差异。

更改"方向"属性制作3D图层动画时，图层将尽可能地直接转动到指定方向；更改"X旋转""Y旋转"或"Z旋转"属性中的任何一个属性制作3D图层动画时，图层会根据各个属性值，沿着各个轴旋转。调整"旋转"属性，3D图层可转动多圈。在图10-6中的标记位置进行设置，如将"X轴旋转"设置为"2"，图层将沿x轴旋转两圈。

图10-6

"方向"属性值指定角度目标，"旋转"属性值指定角度路线。使用"方向"属性制作动画通常能更好地实现自然平滑的运动；使用"旋转"属性制作动画可提供更精确的控制。

> **提示** 同时调整"方向"和"旋转"的数值，效果是两个数值的和。例如，将图层的"方向"调整为"90，0，0"，"X轴旋转"调整为"-90"，图像最终没有变化。

轴模式

轴模式是指定在3D图层上，变换3D图层的不同轴显示模式。在查看器面板中可选择轴模式，选项分为本地轴模式、世界轴模式和视图轴模式。

本地轴模式以图层为参考进行轴向的分配，3个轴向和3D图层表面对齐，x轴为横向、y轴为纵向、z轴为深度。

世界轴模式可以将轴与合成的绝对坐标对齐。无论图层如何旋转，始终将"合成"作为一个"世界"的3D空间。

视图轴模式指视图轴模式的方向将根据所选视图（正面、左侧、顶部等）对齐。例如，对图层进行旋转，并且视图更改为顶部视图，视图轴模式将与顶部视图的方向一致。

总体来说，若想对图层进行前、后、左、右方向上的变化，可选择视图轴模式；若想对整个"世界"上的图层进行操作，可选择世界轴模式；若想对单独图层进行相应的编辑，可选择本地轴模式。制作动画轨迹不会受轴模式选择的影响。

只有合成中有3D摄像机时，轴模式之间的差异才相关。当退出并重新启动 After Effects 时，工具面板会记住上次使用的3D轴模式。

案例 3D 图层与实景合成练习

在本案例中，会运用3D图层和3D文字图层与实拍镜头合成，利用摄像机图层和灯光图层与3D图层的交互，模拟符合实拍镜头透视关系的阴影关系。

扫描图10-7所示二维码可观看3D图层与实景合成案例教学视频。

图10-7

操作步骤

01 执行"文件 - 打开项目"命令，打开"3D图层与实景合成（初始）.aep"项目，如图10-8所示。

图10-8

03 在时间轴面板中，单击"人物"图层后的"3D图层"按钮，如图10-10所示。此时，"人物"图层转换为3D图层。

图10-10

05 按P键，调整"人物"的位置，使其与背景中的人像对齐，如图10-12所示。"位置"的参考数值为"943，584，690"。

图10-12

07 在时间轴面板选中"sun"图层，按P键，将所有关键帧的 x 轴数值调整为"960"，使文字与栈桥居中对齐，效果如图10-14所示。

图10-14

02 利用钢笔工具，将人物与栈桥抠出，并将其保存为单独的图层。在项目面板中有已经抠好图的人物与栈桥。将项目面板中的"人物"拖到时间轴面板中的"摄像机1"图层的下方，如图10-9所示。

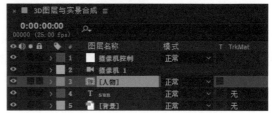

图10-9

04 在时间轴面板中，选中"人物"图层，按S键，将"缩放"调整为"143"，如图10-11所示。图层放大是为了能够完全覆盖背景中的人像。

图10-11

06 将项目面板中的"栈桥"拖到时间轴面板中的"sun"图层的下方。同理，将"栈桥"图层转换为3D图层，并将其放大到"143%"，与背景中栈桥对齐，"位置"参考数值如图10-13所示。调整 x 轴数值，使栈桥与人物居中对齐；调整 z 轴数值拉开距离；调整 y 轴数值使其与背景对齐。

图10-13

08 在时间轴面板中选中不同图层，在查看器面板的左侧视图中查看其位置，它们在空间上存在一定的距离。可以看到，"sun"图层在"人物"图层的上边，所以将时间轴面板中的"人物"图层拖到"sun"图层的下方，如图10-15所示。

图10-15

09 在阳光的作用下，文字和人物在栈桥上会产生阴影，而"栈桥"虽然是 3D 图层，但是它在空间上仍然是一个纵向的平面。在时间轴面板的空白处单击鼠标右键，在弹出的菜单中执行"新建－纯色"命令，在弹出的"纯色设置"对话框中，将其名称改为"栈桥 1"，如图 10-16 所示。

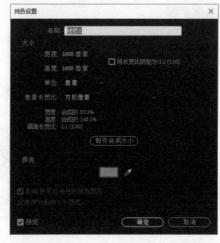

图10-16

> **提示** 将图层转换为 3D 图层后，图层在空间上为纵向视图，无法在平面上接收阴影，不能产生真实的透视关系。所以需要创建一个纯色图层，模拟栈桥在空间上形成的平面。

10 在时间轴面板选中"栈桥 1"图层，将其转换为 3D 图层，按 R 键，将"方向"调整为"270，0，0"。在查看器面板的左侧视图中，可以看到它旋转成了一个平面，如图 10-17 所示。

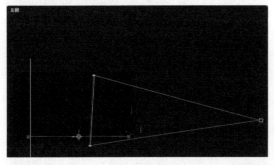

图10-17

11 按 S 键，将"缩放"的约束比例取消，在查看器面板的左侧视图中观察，并对"缩放"进行调整，使其贯穿"人物"和"sun"图层，参考数值为"35，242，100"；按 P 键，调整 y 轴位置，使其与"sun"图层相接，如图 10-18 所示。

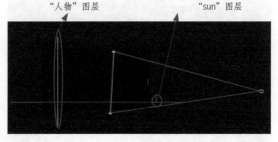

图10-18

12 展开"栈桥 1"图层的"材质选项"属性，将"投影"调整为"关"，将"接受阴影"调整为"仅"，将"接受灯光"调整为"关"，如图 10-19 所示。此时"栈桥 1"将接受人物和文字产生的阴影，而其本身不会产生阴影，且不会显示本身的颜色。

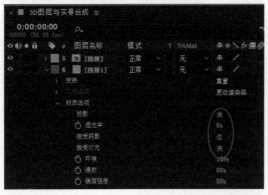

图10-19

13 添加灯光。在时间轴面板的空白处单击鼠标右键，在弹出的菜单中执行"新建－灯光"命令，在弹出的"灯光设置"对话框中将"名称"调整为"点"，"名称"默认为"点光 1"，将"衰减"调整为"无"，勾选"投影"选项。此时，画面中会产生一定的阴影关系，如图 10-20 所示。

图10-20

14 通过"材质选项"属性的设置，为"人物"图层、"栈桥"图层和1"sun"图层设置接受阴影的不同关系。将"人物"图层的"投影"调整为"开"，"接受阴影"调整为"仅"，"接受灯光"调整为"关"；将"栈桥"图层的"投影"调整为"关"，"接受阴影"调整为"关"，"接受灯光"调整为"关"效果如图10-21所示。

图10-21

15 在查看器面板中可以看到桥上并没有人物的阴影，原因是"点光1"在"人物"的前面。在时间轴面板中选中"点光1"图层，按P键，调整灯光的位置，参考数值为"850, -300, 4500"。展开"灯光选项"属性，将"衰减"调整为"平滑"，将"半径"调整为"6000"，将"衰减距离"调整为"6500"，将"投影"调整为"开"，将"阴影深度"调整为"70%"，将"阴影扩散"调整为"50"，如图10-22所示。对"灯光选项"的设置让人物和文字产生更加真实的阴影关系。

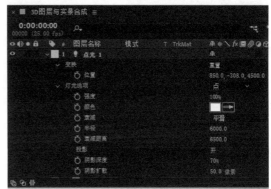

图10-22

16 在查看器面板中可以看到人物的阴影和人物之间有间隙。在时间轴面板中，选中"栈桥1"图层，按↑键，改变"栈桥1"图层的y轴位置，使人物的阴影和人物之间的间隙消失即可，效果如图10-23所示。

图10-23

17 在查看器面板中可以看到人物的阴影和人物之间的间隙消失，但文字和文字的阴影交叠。在时间轴面板中，选中"sun"图层，按↑键，改变"sun"图层的y轴位置，效果如图10-24所示。在查看器面板的左侧视图中"sun"图层与"栈桥1"图层相接即可。注意，要改变"sun"图层位置动画所有关键帧的位置。

图10-24

18 设置灯光动画。将时间指示器拖曳到0秒，在时间轴面板中选中"点光1"图层，按P键，打开"位置"前的码表，将时间指示器拖曳到6秒，将"位置"的x轴坐标调整为"4500"，播放动画，某一时间的效果如图10-25所示。

图10-25

19 在查看器面板中可以看到投影出现在栈桥外。在时间轴面板中选中"栈桥"图层，按快捷键Ctrl+D复制并粘贴图层，并将下层的"栈桥"图层重命名为"栈桥2"。选中"栈桥1"图层，将其"轨道遮罩"调整为"Alpha遮罩'栈桥2'"，效果如图10-26所示。

图10-26

20 在查看器面板中可以看到，人物与自己的影子之间有不真实的间隙。在时间轴面板为"栈桥2"图层与"栈桥"图层设置父子关系，使"栈桥2"图层随"栈桥"图层移动，调整"栈桥"图层位置，效果如图10-27所示。渲染导出动画，效果如图10-28所示。

图10-27

图10-28

本节回顾

扫描图10-29所示二维码可回顾本节内容。

1. 在对3D图层进行移动、对齐等操作时，可以使用不同视图观察3D图层，辅助3D图层与摄像机、灯光等进行交互。

2. 将图层转换为3D图层，图层依旧是一个平面，在空间上是纵向的，若想要在空间的平面上接受阴影，可以创建纯色图层并对其进行相应的设置，使其成为接受阴影的平面。

图10-29

第2节 摄像机图层与空对象图层

使用摄像机图层可以从任何角度和距离查看3D图层。通过修改After Effects中的摄像机设置并为其制作动画来配置摄像机，可以模拟现实中的摄像机行为，如景深模糊、平移、移动镜头等。

空对象图层是具有可见图层所有属性的不可见图层。因此，它可以是合成中任何图层的父级。使用者可以像对待其他任何图层一样调整空对象图层并为其制作动画。

知识点1 摄像机图层与空对象图层的应用

利用摄像机图层可以让前景、中景、背景的3D图层看起来更符合真实摄像机拍摄出来的镜头移动、透视及景深的效果，增加镜头的真实感。在项目制作中，可以用摄像机图层模拟裸眼3D的视觉效果。

图10-30所示为应用摄像机图层前后的效果对比。

扫描图10-31所示二维码可观看应用摄像机图层前后的对比视频。

图10-30　　　　　　　　　　　　　　　　　　　图10-31

空对象图层可作为其他图层中效果和动画的辅助型控制图层。在父子关系中要分配父图层，但想要阻止该图层成为项目中的可见元素，因此可以创建空对象图层作为父图层。

通常，选择并查看空对象比选择并查看目标点容易。

例如，在使用摄像机或光照图层时，可创建一个空对象图层并使用表达式将摄像机或光照的"目标点"属性链接到空对象图层的"位置"属性，然后通过移动空对象图层来为"目标点"属性制作动画。

知识点2 创建摄像机图层与空对象图层

下面将讲解创建摄像机图层与空对象图层的方式。

创建摄像机图层的4种方式

1.在菜单栏中，执行"图层-新建-摄像机"命令。

2.在时间轴面板的空白处单击鼠标右键，在弹出的菜单中执行"新建-摄像机"命令。

3.在查看器面板的空白处单击鼠标右键，在弹出的菜单中执行"新建-摄像机"命令。

4.按快捷键Ctrl+Alt+Shift+C。

创建空对象图层的4种方式

1.在菜单栏中，执行"图层−新建−空对象"命令。

2.在时间轴面板的空白处单击鼠标右键，在弹出的菜单中执行"新建−空对象"命令。

3.在查看器面板的空白处单击鼠标右键，在弹出的菜单中执行"新建−空对象"命令。

4.按快捷键Ctrl+Alt+Shift+Y。

知识点 3　摄像机图层详解

下面将通过摄像机设置和摄像机选项来详细讲解摄像机图层。

摄像机设置

在时间轴面板中，双击摄像机图层，或选中图层，在菜单栏中执行"图层−摄像机设置"命令，可打开"摄像机设置"对话框，如图10-32所示。

在"摄像机设置"对话框中可以更改摄像机设置。

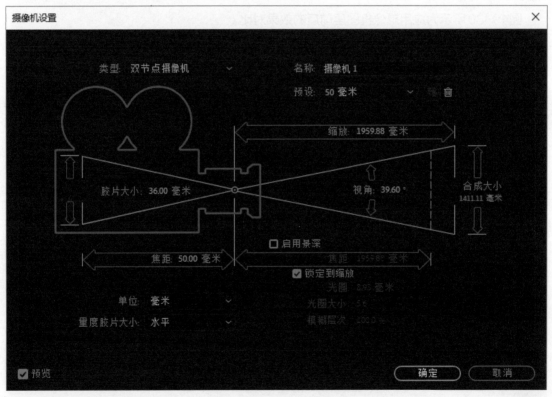

图10-32

"类型"包括单节点摄像机和双节点摄像机。

单节点摄像机围绕自身定位、旋转；双节点摄像机具有目标点，围绕目标点定位、旋转。

将摄像机设置为"双节点摄像机"，与将摄像机的自动定向选项设置为"定向到目标点"（执行"图层−变换−自动定向"命令）效果相同。

"预设"用于设置摄像机的类型，根据预设的焦距，模拟运用具有特定焦距镜头的摄像机。"预设"默认为"50毫米"。

提示 50毫米是标准的人像镜头焦距；80毫米也是人像常用的镜头焦距；焦距在35毫米以下的镜头都属于广角镜头，数值越小，广角越大。

"缩放"指从镜头到图像平面的距离。

换句话说，缩放与焦距相等，图层显示为原本大小；缩放为焦距的两倍，图层显示为高度和宽度的一半，依此类推。

"视角"指在图像中捕获的场景的宽度。

视角由"焦距""胶片大小"和"缩放"值确定。改变预设值可以得到较广的视角，模拟广角镜头的结果。

"启用景深"被勾选后，可自定义"焦距""光圈""光圈大小"和"模糊层次"的变量，通过调整这些变量，可以操控景深，创建更真实的摄像机聚焦效果。

景深是摄像机聚焦的距离范围，位于距离范围之外的图像将变得模糊。

"焦距"（启用景深的情况下）是从摄像机到平面的完全聚焦的距离，一般不进行调整，使用默认预设即可。

"锁定到缩放"被勾选后，"焦距"值（"启用景深"下方）与"缩放"值匹配。

提示 如果在时间轴面板中更改"焦距"选项的设置，则"焦距"值将与"变焦"值解除锁定。如果需要更改值，并希望值保持锁定，应在"摄像机设置"对话框中设置，而不在时间轴面板的属性中设置。

"光圈"指镜头孔径的大小。光圈设置会影响景深，增大光圈会增加景深和画面的模糊程度。

"光圈大小"表示焦距与光圈的比例，与摄影、摄像器材的光圈大小类似。

提示 在真实世界中，增大摄像机光圈，允许摄像机收入更多光线，增加照片的曝光度。

"模糊层次"指图像中景深模糊的程度，其数值为100%时，模拟自然模糊，降低值可减少模糊程度。

"单位"一般使用毫米。

"量度胶片大小"用于描述胶片的尺寸，一般使用"水平"。

摄像机选项

在时间轴面板中可展开摄像机图层的"摄像机选项"，如图10-33所示。

"摄像机选项"中与摄像机镜头模糊和形状有关的摄像机属性包括"光圈形状""光圈旋转""光圈圆度""光圈长宽比""光圈衍射条纹""高亮增益""高光阈值"和"高光饱和度"。

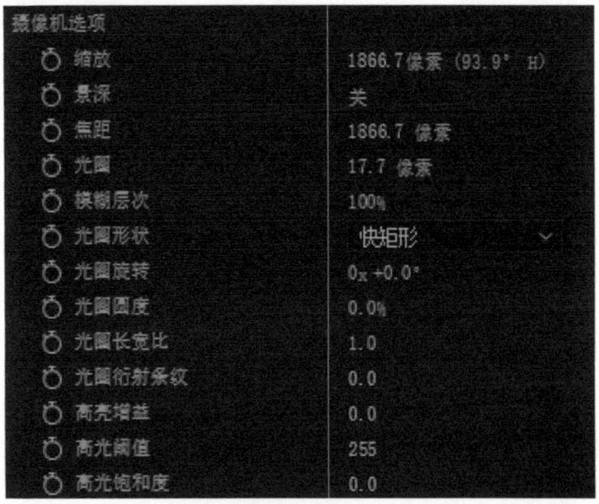

图10-33

案例 裸眼 3D 练习

在影片制作中，经常会运用摄像机图层模拟真实摄像机拍摄出的镜头，如比较真实的浅焦或深焦镜头。

本案例将利用摄像机焦距的控制，模拟比较真实的裸眼3D视觉效果。

扫描图10-34所示二维码可观看教学视频。

图10-34

操作步骤

01 执行"文件 - 打开项目"命令,打开"裸眼 3D（初始）.aep"项目,如图10-35所示。

图10-35

03 将项目面板中的"电脑背景.jpg"拖入到时间轴面板中。在时间轴面板中,选中"电脑背景"图层,按S键,将"缩放"调整为"65",效果如图10-37所示。在查看器面板的画布中看到完整的"电脑"即可。

图10-37

05 按 M 键,打开蒙版属性,勾选"反转"选项。可以在查看器面板中看到"屏幕"消失,如图10-39所示。

图10-39

02 单击项目面板左下角的"新建合成"按钮,在弹出的"合成设置"对话框中将"合成名称"调整为"裸眼3D",单击"确定"按钮,如图10-36所示。

图10-36

04 为"电脑屏幕"做遮罩,为后边在"屏幕"中显示其他内容做准备。在工具栏中,选中钢笔工具,在查看器面板中,用钢笔工具定位"屏幕"的4个点,形成一个闭合的矩形蒙版,如图10-38所示。

图10-38

06 将项目面板中的"雨林.jpg"拖入时间轴面板中"电脑背景"图层的下方,并将"电脑背景"图层和"雨林"图层转换为3D图层,如图10-40所示。

图10-40

07 在查看器面板中，可以看到"屏幕"上显示的是雨林的图片。放大画面，查看细节，若"屏幕"边缘露出原本的小边，可在时间轴面板中选中"电脑背景"图层，在查看器面板中对其遮罩进行调整，效果如图10-41所示。

图10-41

08 在时间轴面板中，选中"雨林"图层，按S键，将"缩放"调整为"60"，在工具栏中，选中选取工具，在查看器面板中调整"雨林"在"屏幕"中的位置，效果如图10-42所示。缩放及位置调整到在视觉上舒适即可。

图10-42

09 在时间轴面板的空白处，单击鼠标右键，在弹出的菜单中执行"新建-摄像机"命令。在弹出的"摄像机设置"对话框中，将"预设"调整为"28毫米"，单击"确定"按钮，效果如图10-43所示。现在得到的是用摄像机观看的视角。

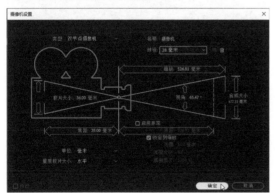

图10-43

10 使"电脑背景"图层和"雨林"图层在z轴方向上产生距离。在查看器面板下方，将视图调整为"2个视图-水平"。在时间轴面板中，选中"电脑背景"图层和"雨林"图层，按P键，将"电脑背景"图层的z轴位置调整为"-400"，将"雨林"图层的z轴位置调整到"-15"，效果如图10-44所示。

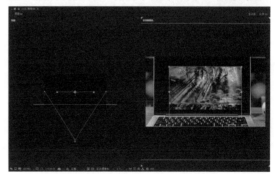

图10-44

11 选中"电脑背景"图层，按S键，将"缩放"调整为"47"，可以在查看器面板中看到整个电脑，效果如图10-45所示。

图10-45

12 在时间轴面板中，选中"雨林"图层，在查看器面板中，调整其在"屏幕"中的位置，效果如图10-46所示。

图10-46

13 将项目面板中的"蜥蜴"拖入到时间轴面板中，放到"电脑背景"图层和"雨林"图层之间，按 S 键，将"缩放"调整为"12"，效果如图 10-47 所示。

图 10-47

14 将"蜥蜴"图层转换为 3D 图层，查看器面板的活动摄像机视图中的蜥蜴消失了，如图 10-48 所示。

图 10-48

15 在查看器面板的左侧视图中可以看到"蜥蜴"图层在最下面，被"雨林"图层挡住了，效果如图 10-49 所示。

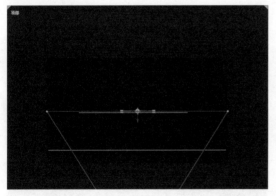

图 10-49

16 按 P 键，将"蜥蜴"图层的"位置"调整为"1078，440，-390"，如图 10-50 所示。调整 z 轴位置使画面中出现蜥蜴，且蜥蜴在屏幕内。

图 10-50

17 实现蜥蜴探出"屏幕"的效果，需要对"蜥蜴"图层进行旋转。按 R 键，将"方向"中的 x 值调整为"28"，使其产生向前倾斜的效果，如图 10-51 所示。

图 10-51

18 在查看器面板中看到，蜥蜴旋转后的位置发生了变化。按 P 键，将"位置"调整为"1056，478，-390"，如图 10-52 所示。蜥蜴和蜥蜴所在的树枝要在"屏幕"的底部，避免造成蜥蜴悬空的感觉。

图 10-52

19 在时间轴面板的空白处单击鼠标右键,在弹出的菜单中执行"新建-空对象"命令,将新建的空对象图层命名为"摄像机控制"。为"摄像机"图层和"摄像机控制"图层创建父子关系,使"摄像机"图层绑定到"摄像机控制"图层上,如图10-53所示。

图10-53

21 在查看器面板的活动摄像机视图中,可以看到雨林图片不能填满"屏幕"。在时间轴面板中选中"雨林"图层,对其"缩放"和"位置"进行适当的调整,使动画在播放过程中,"雨林"可以填满"屏幕",如图10-55所示。

图10-55

23 裸眼3D动画已经制作完成,现在为画面添加暗角。在查看器面板中切换到"1个视图",在时间轴面板的空白处单击鼠标右键,在弹出的菜单中执行"新建-调整图层"命令,在工具栏中双击椭圆工具,为"调整图层"建立一个蒙版,如图10-57所示。

图10-57

20 将"摄像机控制"图层转换为3D图层,选中"摄像机控制"图层,按R键,单击"方向"前的码表添加关键帧,将时间指示器拖到最后,在时间轴面板中将"方向"调整为"0,21,0",效果如图10-54所示。

图10-54

22 制作蜥蜴从"屏幕"中探出的动画。选中"蜥蜴"图层,按P键,打开"位置"前的码表,将时间指示器拖曳到最后,改变z轴的数值,找到一个合适的位置,让蜥蜴探出"屏幕",且"蜥蜴"图层不能超出"电脑背景"图层,如图10-56所示。

图10-56

24 在时间轴面板中,单击"反转",按F3键,在效果控件面板中执行"颜色校正-亮度/对比度"命令,将"亮度"调整为"-55",给画面增加暗角的效果,如图10-58所示。

图10-58

25 在时间轴面板中，选中"调整图层"，按F键，将"蒙版羽化"调整为"200"，效果如图10-59所示。调整"蒙版羽化"，使画面明暗过渡更加自然。

图10-59

26 制作景深效果。在时间轴面板中双击"摄像机图层"，打开"摄像机设置"对话框，勾选"启用景深"，取消勾选"锁定到缩放"，将"光圈大小"调整到"1.4"，单击"确定"按钮，如图10-60所示。

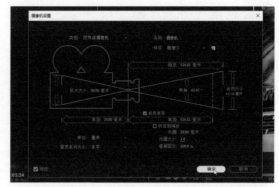

图10-60

27 在查看器面板的下方，选择"2个视图-水平"。可查看左侧视图并调整焦距。在时间轴面板中，展开"摄像机"图层的"摄像机选项"属性，调整"焦距"到蜥蜴的头部位置，参考数值为"1038"，这样可以达到背景虚化的效果。在查看器面板可以看到模糊层次不够明显，因此在时间轴面板中将"模糊层次"调整为"260"，效果如图10-61所示。

图10-61

28 在查看器面板的下方将视图调整为"1个视图"，按空格键查看动画，确认无误后，渲染导出动画，如图10-62所示。本案例到此结束。

图10-62

本节回顾

扫描图10-63所示二维码可回顾本节内容。

1.利用摄像机图层可以模拟现实中的摄像机行为，让前景、中景、背景的3D图层看起来更符合真实摄像机拍摄出来的镜头移动、透视及景深效果，增加镜头的真实感。

2.空对象图层为辅助型图层，一般作为控制图层使用，方便对其他图层进行控制，且在画面中不会出现。

图10-63

第3节 摄像机动画

通过修改摄像机设置来配置摄像机，可调整摄像机图层的各个属性，将类似摄像机的行为添加到合成效果和动画中，如景深模糊、平移镜头和移动镜头等镜头运动的效果。

利用摄像机图层制作的关键帧动画可以得到平滑的镜头运动效果，实现丰富的镜头语言。

制作摄像机动画有时需要摄像机的焦点一直在镜头中的主体上，所以要对摄像机的焦距做链接，如将摄像机的焦距链接到主体图层上，让焦距根据摄像机与主体之间的距离进行相应的变化。这样不管摄像机运动如何复杂，被拍摄的主体永远是清晰的。

知识点 摄像机焦距链接

在时间轴面板选中摄像机图层，在图层上单击鼠标右键，在弹出的菜单中执行"摄像机"命令，可以调出"将焦距链接到目标点""将焦距链接到图层"和"将焦距设置为图层"3个子命令，如图10-64所示。

图10-64

将焦距链接到目标点

"将焦距链接到目标点"是在选定摄像机图层的"焦距"属性上创建一个表达式，将该属性的值设置为摄像机与其目标点之间的距离。在制作目标点动画时，如果摄像机不动，而目标点移动，焦距会随目标点的移动而改变。

将焦距链接到图层

"将焦距链接到图层"是在选定摄像机图层的"焦距"属性上创建一个表达式，属性的值为摄像机位置与选定图层之间的距离。此方法允许焦点自动跟随其他图层。摄像机不论如何运动，与之链接的图层都是清晰的。

将焦距设置为图层

"将焦距设置为图层"是将当前时间的"焦距"属性的值，设置为当前时间摄像机与选定图层之间的距离。在制作焦距动画时，通过此命令可以快速精确地调整焦距。

摄像机焦距链接一般在制作摄像机的景深效果时使用，而在After Effects中使用摄像机时，很少使用摄像机的景深效果，所以在现阶段了解这3个命令即可。摄像机的景深效果一般在制作较高端的片头时才会用到。因为打开景深会让计算机的运行速度变得非常慢，所以在制作一些多媒体时用不到景深效果，也就是说用不到把焦距链接到任何位置。

案例 灯光球 LOGO 动画练习

在影片制作中，运用摄像机图层动画可以比较简便地得到非常平滑的镜头运动效果，实现丰富的镜头语言。

本案例将运用摄像机动画制作灯光球LOGO动画，模拟整个灯光球旋转起来的效果。

扫描图10-65所示二维码可观看灯光球LOGO教学视频。

图10-65

在灯光球LOGO动画（初始）文件中，"最终渲染"合成只有灯光的变化，包含从最初LOGO散射灯光到最后形成LOGO共6秒的灯光颜色变化的动画。

"灯光动画"合成中共19个图层，最下边的6个"正方体单面"图层，是对正方体的制作。

"反转"图层用于反转黑色图层和白色图层。

"快速模糊"图层为LOGO提供模糊的效果。

"模糊动画"图层是模拟光线向外散发的动画。

"颜色控制1""颜色控制2"和"颜色控制3"3个图层用于控制动画中主体的颜色，在这3个图层上添加表达式，使它们与"最终渲染"合成中的"颜色控制"图层形成关联，方便在"最终渲染"合成中对颜色进行调整。

"黑场"图层作用于动画的最后，使光线消失，最终显示LOGO的原色(红色过渡)。

"LOGO位置"图层可以调整LOGO在画布中的位置及大小。

"闪烁"图层在"黑场"图层起作用的同时生效，使光线闪烁后慢慢消失。

"入场"图层实现了黑场慢慢过渡到红光的动画。

"出场"图层实现了动画慢慢消失的效果。

"饱和度控制"图层为最终显示的LOGO增加饱和度，使LOGO看起来更加鲜艳。

"添加颗粒"图层为LOGO添加了非常小的颗粒视觉效果。

操作步骤

01 执行"文件-打开项目"命令，打开"灯光球LOGO动画（初始）.aep"项目，如图10-66所示。

02 单击项目面板"设计文件"左侧的箭头，双击打开"灯光动画"，在时间轴面板中只显示6个"正方体单面"图层，如图10-67所示。

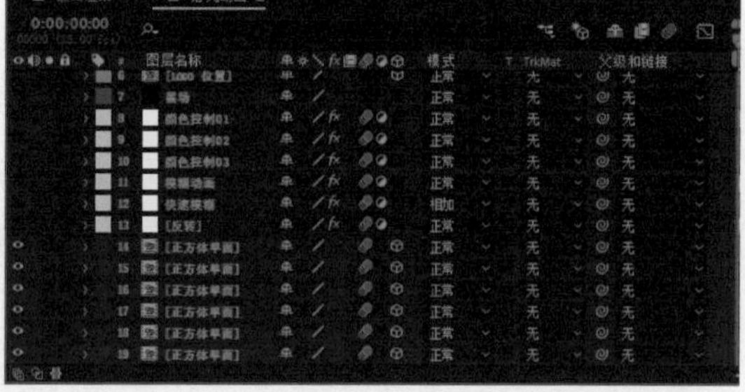

图10-66

图10-67

03 选中最上边的"正方体单面"图层，在菜单栏中执行"图层－新建－摄像机"命令，在弹出的"摄像机设置"对话框中将"预设"调整为"24毫米"（因为要显示更多的光线，所以摄像机的预设要尽量偏向广角），取消勾选"将焦距锁定到缩放"和"启用景深"，单击"确定"按钮，如图10-68所示。

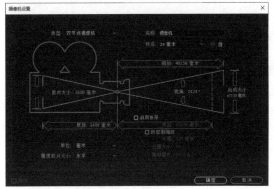

图10-68

04 新建空对象图层以控制摄像机。在菜单栏中执行"图层－新建－空对象"命令，在时间轴面板中选中"空对象"图层，将其重命名为"摄像机控制"，为"摄像机"图层与"摄像机控制"图层创建父子关系，将"摄像机"图层关联到"摄像机控制"图层，如图10-69所示。这样"摄像机控制"图层就可以控制"摄像机"图层的运动了。

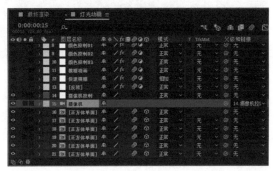

图10-69

05 将"摄像机控制"图层转换为3D图层，这样"摄像机控制"图层可以在 x 轴、y 轴、z 轴3个方向上运动。选中"摄像机控制"图层，按R键，单击"X轴旋转"前的码表，并将"X轴旋转"调整为"2"。将时间指示器拖曳到快速模糊的初始位置（4秒20帧），将"X轴旋转"调整为"0"，即可完成正方体在 x 轴方向上的两周旋转效果，如图10-70所示。

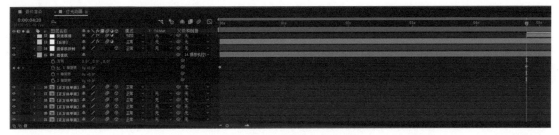

图10-70

06 预览动画，可以看到这样的旋转显得非常单调。将时间指示器拖曳到0帧，打开"Y轴旋转"前的码表，并将"Y轴旋转"调整为"3"。将时间指示器拖曳到4秒20帧，将"Y轴旋转"调整为"0"，如图10-71所示。这样正方体的旋转就有了一定的变化，既有 x 轴方向上的旋转，又有 y 轴方向上的旋转，在 x 轴方向上旋转了两圈，在 y 轴方向上旋转了3圈。

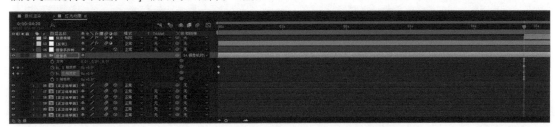

图10-71

07 预览动画，可以看到正方体的旋转是匀速的，想要得到速度变化的旋转，就需要调整关键帧的属性。在时间轴面板，选中"X轴旋转"和"Y轴旋转"的4个关键帧，按F9键，然后选中"X轴旋转"的2个关键帧，打开图表编辑器，将"影响"调整到"85"左右，即可产生不规则的运动速度曲线，如图10-72所示。

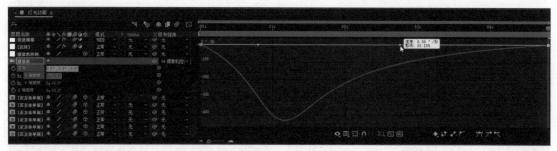

图10-72

08 在时间轴面板中，选中"Y轴旋转"，将"影响"调整到"65"左右，如图10-73所示。"影响"的数值不同，"X轴旋转"和"Y轴旋转"的速度曲线也会有所区别。

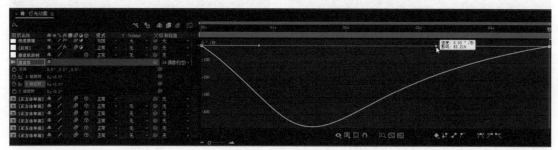

图10-73

09 调整正方体运动速度后，制作正方体缩放的动画。关闭图表编辑器，在时间轴面板中，将时间指示器拖曳到0帧。选中"摄像机控制"图层，按S键，打开"缩放"属性，单击打开"缩放"前的码表，将"缩放"调整为"140"。将时间指示器拖曳到4秒20帧，将"缩放"调整为"78"。选中"缩放"的两个关键帧，按F9键，将两个关键帧的速度曲线转化为贝塞尔曲线，使其在速度上产生一定的变化，如图10-74所示。此时，摄像机动画制作完毕，在查看器面板中预览动画，看上去好像是正方体一直在运动，其实是摄像机在运动。

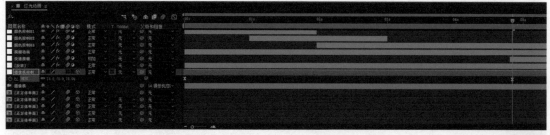

图10-74

提示 将监视器面板中的视图改变为顶部视图，调整缩放的数值。可以看到，数值越大，摄像机离正方体越远。

10 将"摄像机控制"图层和"摄像机"图层向上拖曳到"闪烁"图层和"入场"图层之间,并将其他图层显示。打开"最终渲染"合成,选中"颜色控制"图层,按F3键,在效果控件面板中可以看到"颜色控制"的3个效果,在这里可以对颜色进行更改,如图10-75所示。调整为喜欢的颜色后,渲染导出,整个案例到此结束。

图10-75

11 这里展示本案例中的几个画面,如图10-76所示。

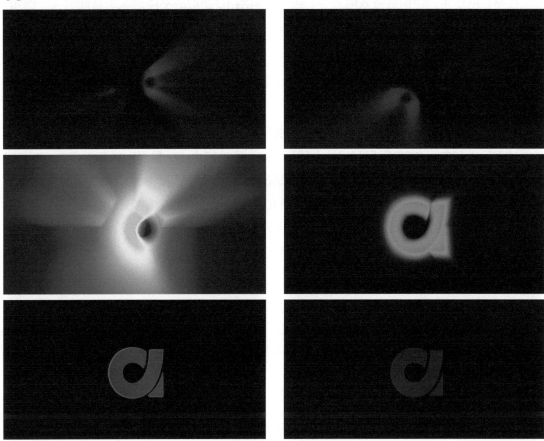

图10-76

本节回顾

扫描图10-77所示二维码可回顾本节内容。

1.摄像机动画的作用是模仿现实生活中的摄像机行为,作出景深模糊、平移镜头和移动镜头等镜头运动的效果。

2.利用摄像机图层制作的关键帧动画可以简单地制作出非常平滑的镜头运动效果,实现丰富的镜头语言。

图10-77

第4节 3D图层动画

3D图层动画的原理是为时间轴面板中的3D图层按照前景、中景和背景的层次关系，拉开图层的z轴位置，制造出镜头各元素之间的空间感，使合成的镜头模拟出真实的镜头深度。

知识点 1 3D 图层动画的应用

在影片制作中，特别是特效电影中，经常会运用3D图层的不同层次来合成镜头。例如，整个镜头中人物是棚内实拍的，其他的场景都是三维制作的，即利用3D图层位置的不同，模拟真实的空间感和镜头深度。

知识点 2 3D 图层交互

在时间轴面板中，不同种类的图层排列的顺序不同，对3D图层的交互会产生影响。特定种类的图层排列在两个3D图层间且处于显示状态，不论其大小、是否出现在画布中，都会阻止3D图层组一起处理。通过这种方式，可以确定画面中不同图层产生的交集和阴影。

图10-78所示为相交的两个3D图层。图10-79所示为在两个相交3D图层间插入2D图层（灰色的纯色图层），2D图层阻止了两个3D图层相交。图10-80所示为在图10-79的情况下，将2D图层放置在画布之外，两个3D图层依旧不相交。

图10-78

图10-79

图10-80

任何种类的2D图层都会阻止两个3D图层相交，3D图层的投影不影响2D图层或图层上的任何图像。同样，3D图层不与2D图层相交，但灯光图层不受此限制。

其他某些类型的图层也可以阻止两个3D图层相交，如调整图层。

图10-81中"地面变形"图层属于调整图层，它使"地面"图层产生形变，将调整图层转换为3D图层也可以阻止"猎人"与"地面"相交。此外，已应用图层样式的3D图层，已应用效果、封闭式蒙版（具有除"无"以外的蒙版混合模式）或跟踪遮罩的3D预合成图层，没有折叠变换的预合成图层等，同样可以阻止两个3D图层相交。

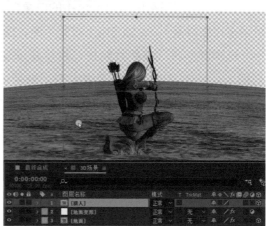

图10-81

只要预合成中的所有图层本身是3D图层，且已打开"折叠变换" ，将其插入两个3D图层间将不干扰它们的交互。

打开"折叠变换"将显露合成或预合成中图层的3D属性，所以打开"折叠变换"的合成或将预合成（内是3D图层）插入到两个3D图层之间，它也相当于是3D图层，可以与3D图层交互。

图10-82中"深灰色 纯色 1 合成 1"预合成中的图层是一个3D纯色图层，左图为未打开"折叠变换"状态，右图为打开"折叠变换"状态。

可以看到，打开"折叠变换"的"深灰色 纯色 1 合成 1"预合成展现了其中图层的3D属性，不阻止3D图层"猎人"图层和"地面"图层相交。

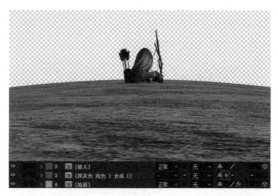

图10-82

223

案例 草原狩猎动画练习

在影片制作中，在具有前景、中景和背景的三维空间当中经常会运用3D图层布置，利用不同位置的3D图层，模拟真实的空间环境，创造出非凡的视觉体验。

本案例将制作一个草原狩猎的场景，文件中的所有图层均为3D图层。扫描图10-83所示二维码可观看教学视频。

图10-83

本案例将利用After Effects中的摄像机，将前景（人物）、中景（树、猎狗、斑马等）和远景（草原背景）在z轴方向上拉开距离，模拟真实摄像机镜头的拍摄效果。

这种制作方式在影片制作过程中是非常普遍的，尤其是在一些特效合成类的电影中。例如，人物的镜头在摄影棚中实拍，影片中的场景和动物通过软件制作，然后利用After Effects将人物与动物和场景等进行合成。

案例中均是对三维图片进行合成模拟，后期可以将图片替换为实拍的三维镜头和场景。运用图片来模拟场景可以使软件运算得快一些。

操作步骤

01 执行"文件-打开项目"命令，打开"草原狩猎动画（初始）.aep"项目，如图10-84所示。

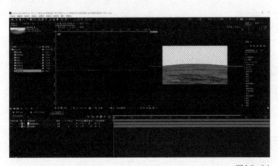

图10-84

02 在时间轴面板的"3D场景"合成中只有"地面"图层和"地面变形"图层。在查看器面板的活动摄像机视图中看到的是弧形的地面，如图10-85所示。

图10-85

03 在项目面板中单击"场景元素"前的箭头，将其中的"猎人"拖到时间轴面板中的"地面变形"图层上方。将"猎人"图层转换为3D图层，按S键，将"缩放"调整为"60"，如图10-86所示。

图10-86

04 打开"猎人"图层的"变换"属性，将"锚点"调整为"500，1000"，将"位置"的y轴坐标调整为"578"（"地面"图层的y轴坐标为"578"，"猎人"半蹲在"地面"上，y轴坐标相同），如图10-87所示。

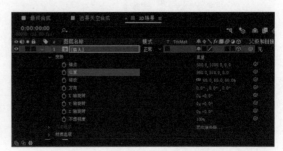

图10-87

提示 文档中的素材都是经过处理的，主体在各自的画布中横向居中，底部紧贴画布下边缘。

场景元素尺寸基本都设置为"1000×1000"，方便将锚点调整到相应位置。较大的元素、需要占据整个画面的元素的尺寸设置为"1920×1080"。

图层的位置是以锚点在画布中的位置定位的。锚点坐标指的就是锚点在其画布中的位置。尺寸为"1000×1000"的场景元素，默认的"锚点"坐标为画布中心"500，500"。

在本案例中，大部分场景元素均在地面上，紧贴地面，所以应将尺寸为"1000×1000"的场景元素的"锚点"调整为图片底部中心"500，1000"，方便在画布中定位；同理，将尺寸为"1920×1080"的场景元素的"锚点"调整为"500，1080"。

为方便观察整个场景与地面的关系，将视图调整为"2个视图-水平"，将项目监视器面板的左侧调整为"左侧"视图，右侧调整为"活动摄像机"视图。

在时间轴面板中选中"地面"图层，按P键查看"地面"的y轴位置（左侧视图中上下的位置），为"578"，所以紧贴地面的场景元素y轴位置均应为"578"，这样位置会更加精确。

05 新建摄像机图层，以更好地观察三维场景。在空白处单击鼠标右键，在弹出的菜单中执行"新建－摄像机"命令，参数设置如图10-88所示。

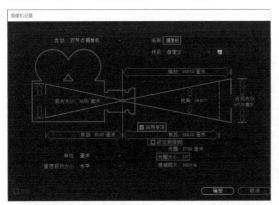

图10-88

06 按P键，将"位置"调整为"1150，196，-3555"。z轴位置为"-3555"，是比较远的位置，因为要添加非常庞大的场景，所以摄像机要离得远一些。此时的摄像机所在的位置看不到地面的效果，需要将摄像机抬高，所以y轴位置调整为"196"，如图10-89所示。

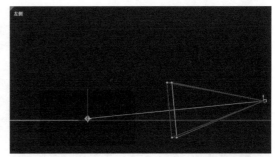

图10-89

07 选中"猎人"图层，按P键，将"位置"的z轴对应的值调整为"-2209"，如图10-90所示。"猎人"在画面中过于居中，可调整摄像机目标点位置，使"猎人"位于画面中左侧三分之一位置，以符合黄金分割的构图原则。

图10-90

08 选中"摄像机"图层，打开其"变换"属性，将"目标点"调整为"1363，340，0"，如图10-91所示。此时"猎人"位于画面中左侧三分之一位置，"地面"撑满下方的画面。

图10-91

09 将项目面板中的"狮子"拖曳到时间轴面板中"猎人"图层的上方。将"狮子"图层转换为 3D 图层，打开其"变换"属性，参数设置如图 10-92 所示。

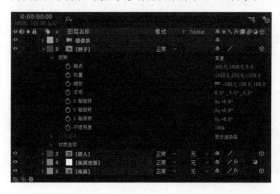

图 10-92

10 将项目面板中的"箭"拖曳到时间轴面板中的"猎人"图层和"狮子"图层之间。将"箭"图层转换为 3D 图层。因为"箭"需要与"摄像机"呈一定的角度，所以按照猎人射出去的方向进行旋转。为方便观察箭的角度，将"左侧视图"调整为"顶部视图"，旋转"箭"使其指向"狮子"，但"箭"与"猎人"存在穿插，调整"箭"的位置，形成"箭"刚刚离弦的效果。打开其"变换"属性进行设置，如图 10-93 所示。

图 10-93

11 制作"摄像机"与"箭"的位置动画，呈现出镜头向前推进，"箭"由"猎人"射向"狮子"的效果。选中"摄像机"图层，按 P 键，打开"位置"前的码表，将时间指示器拖到 10 秒，将"位置"的 z 轴数值调整为"-1720"；同理，为"箭"制作位置动画，在 0 帧打开码表，在 10 秒将"位置"调整为"1160，578，-1310"。"箭"向前运动与"摄像机"推进有一定的区别，因为"箭"毕竟是一幅图片，不是真正的三维物体，所以"箭"的角度不能和"摄像机"完全一致，需要有一点偏移，以免看起来不真实，如图 10-94 所示。

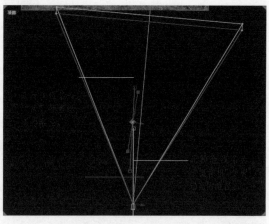

图 10-94

12 调整摄像机景深，在不同时间画面中，最清晰的物体是不同的。最开始时是"猎人"最清晰，接着是"箭"最清晰，最后是"狮子"最清晰。在时间轴面板中，将时间指示器拖到0帧，选中"摄像机"图层，打开其"摄像机选项"，打开"焦距"前的码表，将"焦距"调整为"1300"，依次将2秒的"焦距"调整为"1000"，将4秒的"焦距"调整为"1200"，将8秒的"焦距"调整为"1700"，将10秒的"焦距"调整为"1340"，如图10-95所示。

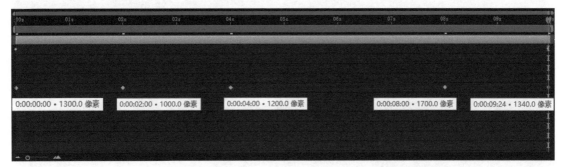

图10-95

13 场景中的主要元素（猎人、狮子、箭）调整完成后，接下来就是添加其他元素以丰富画面。将项目面板中的"猎狗""鹰""犀牛"和"斑马"依次拖曳到时间轴面板的"摄像机"图层下，将它们都转换为3D图层，"锚点"设置为"500，1000，0"，图层名称前的颜色改为"紫红色"，"位置"依次调整为"1500，578，-1660""1688，370，-1470"（鹰在空中飞而不是紧贴着地面，所以y轴对应位置不用调整为578）"668，578，552""2210，578，80"，缩放依次调整为"60""75""70""100"，如图10-96所示。

图10-96

14 动物已经都放在画面中了，接下来将植物也放入画面。将项目面板中的"前景草"拖曳到时间轴面板的"摄像机"图层下，并转换为 3D 图层，图层前的颜色改为"橙色"，展开"变换"属性，将"锚点"调整为"500，1000，0"，将"位置"调整为"1456，578，-2606"，将"缩放"调整为"64"。然后，按快捷键 Ctrl+D 将其复制一层并重命名为"前景草 1"，将其位置调整为"1761，578，-1988"，如图 10-97 所示。

图 10-97

15 将项目面板中的"前景树 01"拖曳到时间轴面板的"摄像机"图层下，并转换为 3D 图层，图层前的颜色改为"深绿色"，展开"变换"属性，将"锚点"调整为"960，1080，0"（"前景树 01"的尺寸为"1920×1080"，所以"960，1080，0"是它底部居中的位置），将"位置"调整为"1231，578，-2146"，如图 10-98 所示，猎人在大树的旁边射箭。

图 10-98

16 将项目面板中的"树01"拖曳到时间轴面板的"摄像机"图层下,将其转换为3D图层,"锚点"设置为"500, 1000,0",图层名称前的颜色改为"绿色","位置"调整为"819,578,-1788","缩放"调整为"150", 按5次快捷键Ctrl+D将其复制5层,为它们重新命名,由下向上依次为"树01-1"~"树01-6",参数设置及结果如图10-99所示。

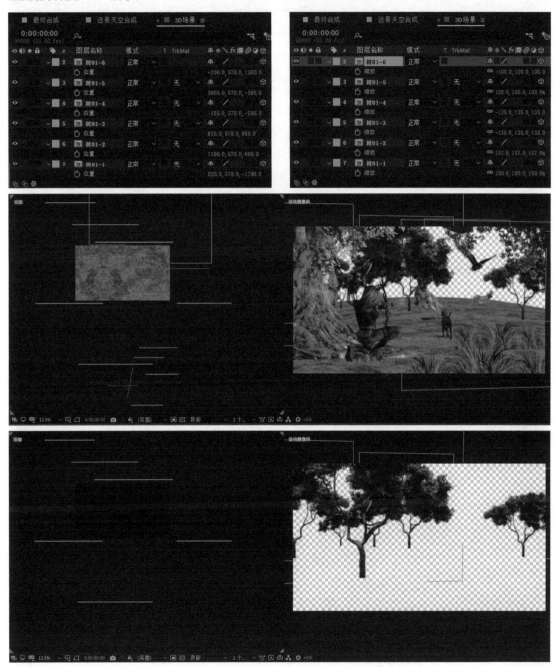

图10-99

提示 使用同一个元素,经过缩放、旋转,以及位置变化,可以得到一个比较丰富的场景。

案例中,6棵树的"缩放""位置"的数值不同,呈现出较为丰富的画面。单独显示这6棵树,可以看到它们的树冠不在同一水平线上,具有一定的错落感。

17 将项目面板中的"树02"拖曳到时间轴面板的"摄像机"图层下,将其转换为3D图层,图层前的颜色改为"浅绿色",展开"变换"属性,将"锚点"调整为"500,1000,0",将"位置"调整为"1679,578,–233",将"缩放"调整为"130",效果如图10-100所示。

图10-100

18 将项目面板中的"树03"拖曳到时间轴面板的"摄像机"图层下,将其转换为3D图层,图层前的颜色改为"桃红色",展开"变换"属性,将"锚点"调整为"500,1000,0",将"位置"调整为"857,578,–964",将"缩放"调整为"–100,100,100"。按快捷键Ctrl+D复制1份"树03"图层,并将其重命名为"树03-1",将"位置"调整为"2834,578,1100",将"缩放"调整为"–107,107,107",如图10-101所示。

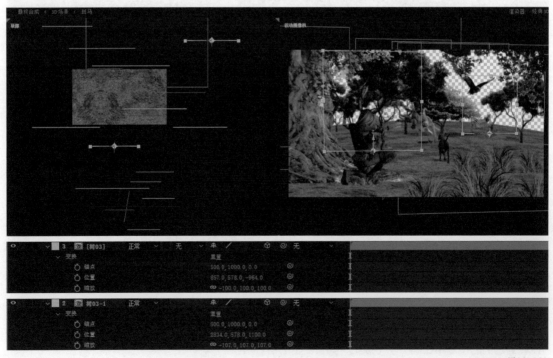

图10-101

19 将项目面板中的"树04"拖曳到时间轴面板的"摄像机"图层下,将其转换为3D图层,"锚点"设置为"500,1000,0",图层名称前的颜色改为"淡紫色",将"位置"调整为"2076,578,1086",将"缩放"调整为"120",按2次快捷键Ctrl+D将其复制2份,并为这3个图层重新命名,由下向上依次为"树04-1"~"树04-3",参数设置及结果如图10-102所示。

至此,场景中所有的植物放置完毕。对整个画面进行分析:猎人旁边的2棵草,在z轴存在位置关系;最大的前景树01是猎人的遮蔽物;6棵"树01"中的3棵呈三角形位置分布,另外3棵呈阶梯状排列,它们的缩放及x轴的镜像存在不同,产生了丰富的变化;"树02"在猎物的后边,使猎物轮廓更加明显;2棵树"03"在猎物与弓箭之间,产生景深关系;3棵"树04"作为整个场景的中景、远景,对画面进行点缀。

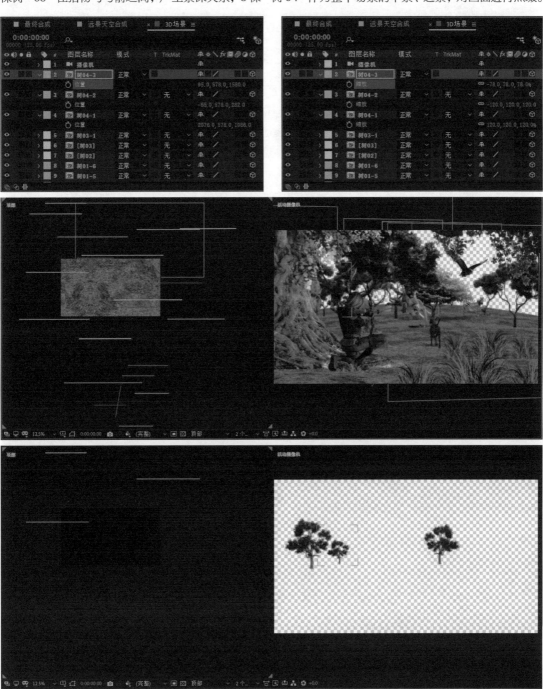

图10-102

231

20 将项目面板中的"灰尘"拖曳到时间轴面板中"摄像机"图层下，并转换为3D图层，将"锚点"设置为"500，1000，0"，图层名称前的颜色改为"棕色"，将"位置"调整为"28，578，552"，按5次快捷键Ctrl+D将其复制5份，并为这6个图层重新命名，由下向上依次为"灰尘-1"~"灰尘1-6"，参数设置及结果如图10-103所示。

6个"灰尘"图层的位置为：箭与猎物的中间一层；狮子腾起的位置有一层，犀牛的旁边有一层，后边有3层灰尘将整个远景笼罩。现在，整个3D场景中的各个元素已经放置到场景中合适的位置了。

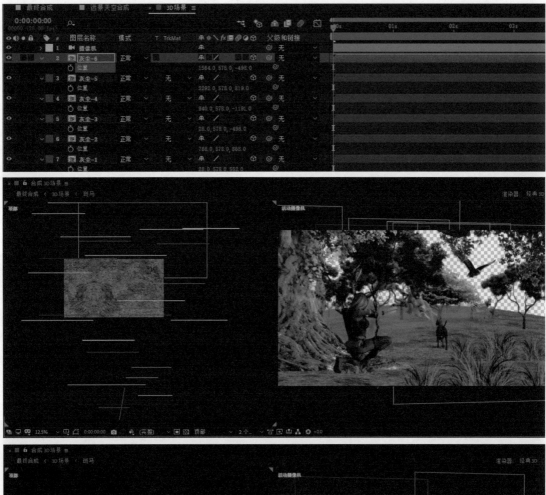

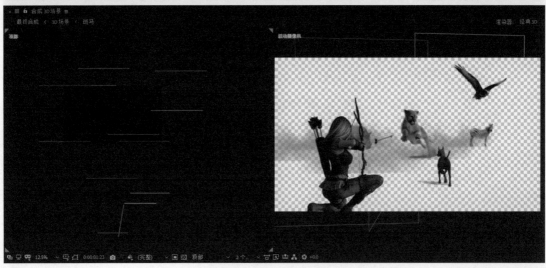

图10-103

21 在时间轴面板中切换到"最终合成"，将原本的"摄像机"图层删除，隐藏"出画入画"图层，可以看到整个活动摄像机的位置是不对的，如图 10-104 所示，因为此时"最终合成"中没有摄像机存在。

图10-104

22 切换回"3D 场景"合成，选中"摄像机"图层，按快捷键 Ctrl+C 将其复制，回到"最终合成"，按快捷键 Ctrl+V 粘贴，将其拖曳到最上层，得到正确的摄像机动画，如图 10-105 所示。

图10-105

23 预览动画无误后即可渲染输出动画，效果如图 10-106 所示。

图10-106

本节回顾

扫描图10-107所示二维码可回顾本节内容。

图10-107

1.3D图层动画可以制造出镜头各元素间的空间感，使合成的镜头模拟出真实的镜头深度。

2.任何种类的2D图层，调整图层，已应用图层样式的3D图层，已应用效果、封闭式蒙版或跟踪遮罩的3D预合成图层，没有折叠变换的预合成图层(内是3D图层)等，都可以阻止两个3D图层相交。

3.在"最终合成"中除了前面制作的"3D场景"外，还添加了"区域的亮度"图层打造柔光的效果；添加了"光晕"图层，实现光的效果；添加了"颜色"图层，将整个画面的亮度增强，暗部减弱，使画面更加清晰；添加了蒙版为画面制作出暗角效果；添加了"遮幅"图层，使画面更加符合电影画面的大概比例；添加了"出画入画"图层，使画面从最初的黑屏，到第1秒开始淡入，到最后1秒时淡出、黑场、结束。

第 **11** 课

颜色校正与调整

在影片制作中，颜色的校正与调整非常重要。

颜色校正能够弥补由于设备或环境等问题导致的颜色瑕疵,颜色调整可以为影片创造出不同的风格、丰富影片色彩等。

本课将从颜色的基础知识讲起，最终实现对影片的颜色校正和调整。

第1节 颜色基础知识

颜色三要素（HSL）包括色相（H）、亮度（L/B）和饱和度 (S)。任何颜色都可以通过颜色三要素来描述，人眼看到的任一颜色光都是这3个特性的综合效果。

颜色三基色包括红色（R）、绿色（G）和蓝色（B），也就是软件中经常用到的RGB，不同比例的红色、绿色和蓝色可以调节出不同的颜色。

颜色互补色为：红色—青色、绿色—玫红色、蓝色—黄色。

在影片制作过程中，如果镜头存在偏色会根据互补色进行调节；如果想要镜头呈现不同的色调也会用到互补色，如镜头的高光部分偏黄色，阴影部分偏蓝色，镜头将具有对比较为强烈的色彩关系，形成黄蓝色调。在运用互补色时，通常会对颜色进行分离，如将高光和阴影向着不同的互补色调节，以增强颜色对比，使影片更具视觉冲击力。

知识点 1 鉴别和判断图像偏色的方法

下面讲解3种鉴别和判断图像偏色的方法。

记忆色鉴别法

记忆色是人眼对景物颜色形成的记忆，如果照片或图像的色调明显偏离人眼记忆色，那么就可以认为照片或图像是偏色的。

例如，人们的记忆中圣女果是红色、青椒是绿色，所以在看到图11-1时，觉得辣椒应该绿一点、圣女果应该红一点等，这种感觉来源于生活经验形成的记忆，这就是凭借人脑的记忆判断图像是否偏色。

图11-1

"色相/饱和度"鉴别法

光源显色性差的摄影照片，如在普通荧光灯或阴天等环境下拍摄的照片，通常颜色的饱和度很低，凭借肉眼不容易发现是否存在偏色。这种照片可以在After Effects中打开，为其添加"色相/饱和度"效果，将其"饱和度"增加50%后再进行视觉检验，一般就能明显看出偏色瑕疵。

图11-2所示为一张女孩的图片，这个镜头是在阴天情况下拍摄的。

在After Effects中打开这张图片，按F3键，在效果控件面板中单击鼠标右键，在弹出的菜单中执行"颜色校正-色相/饱和度"命令，将"主饱和度"调整为"50"，将鼠标

图11-2

指针放在图片中白色区域内移动，如图11-3所示，查看右侧信息面板中的RGB数值。

正常情况下，白色的RGB数值应该是相同的，此时可以看到"R"的数值偏低（鼠标指针可以在白色区域内移动，"R"值基本都比"G"和"B"值低一些），所以这张图片是有些偏色的。这种方法可以精确地判断图片是否偏色。

图11-3

灰平衡鉴别法

在After Effects中打开图片，打开界面右侧的信息面板，将鼠标指针放于图片中灰色的部分，在信息面板上查看RGB数值，如果数值比例接近1：1：1则说明没有偏色。

因为影像画面不是电子标版的色卡，也不是纯色的填充，允许有环境光反射形成的"偏色"，所以，数值比例接近1：1：1即可。

在After Effects中新建一个纯色层，在弹出的"纯色设置"对话框中单击"颜色"下的色板，弹出"纯色"对话框，如图11-4所示。

鼠标指针沿着最左侧滑动，这一列是由白色到黑色的过渡，除黑色和白色外称为灰色，没有任何色彩倾向（称为无彩色），它们的RGB值是相等的。

使用灰平衡鉴别法就是在图像中找到灰色的部分，无论是偏白色，还是偏黑色，或者选取黑色或白色部分，一定是没有色彩倾向的范围。只要RGB值接近1：1：1，就认为这幅图片没有偏色，如果其中某个数值相差较多，就是偏色（注意要选取多个点进行判断）。

图11-4

237

知识点 2 调色辅助工具——"Lumetri 范围"

Lumetri 范围面板位于"窗口-Lumetri 范围"。常用的功能是其中的"分量RGB"和"矢量示波器"，图11-5所示为"分量RGB"，图11-6所示为"矢量示波器"。单击Lumetri 范围面板右下方的■按钮可以选择不同的显示形式。

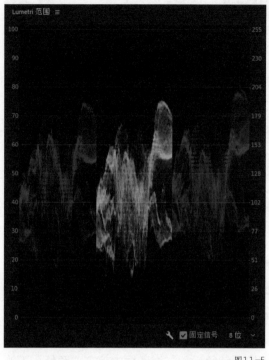

图11-5

图11-6

分量RGB显示的是整幅图片的RGB分布。从图11-5中可以看到，高光的部分有点偏蓝；阴影部分绿色更加突出，整体上红色相差不多，蓝色相对欠缺一些；高光部分没有达到"255"，阴影部分没有在"0~10"，说明这张图片没有明确的亮部，也没有明确的暗部。在影片中，分量RGB可以很好地鉴别数字视频信号中的明亮度、亮部和暗部是否达到制作要求，也可以显示RGB的波形，检查影片是否存在偏色现象。

矢量示波器YUV显示为一个圆形图（类似于色轮），用于显示视频的色度信息，对视频色彩进行判断。观察图11-6，可以看到互补色，图中显示了补色的范围；中间的白色区域是整幅图片的色彩分布，可以看到图片偏"红色""玫红色"和"蓝色"，而"黄色""绿色"和"青色"相对较少。

例如，在调整颜色和明亮度时，可以使用 YUV 分量范围；如果要比较红色、绿色和蓝色通道之间的关系，可以使用 RGB 分量示波器，它显示代表红色、绿色和蓝色通道级别的波形；如果想要观察直观的数据，可以使用直方图。

图11-7左侧为直方图，右侧为图像。直方图上方不同颜色的数值表示的是图像中高光部分的RGB数值，下方不同颜色的数值表示的是图像中阴影部分的RGB数值。可以根据此数值，分别调节颜色通道，使图像高光和阴影部分数值达到一个较为精确合理的范围。

图11-7

　　根据自己喜好，可以选择不同的显示形式，调整图像色彩范围。使用Lumetri范围的不同显示形式，可以脱离肉眼对镜头的色彩进行判断。利用分量RGB波形，直方图数值，以及矢量示波器YUV所处颜色范围，可以非常准确地调节整个镜头的颜色。在调整其他镜头的颜色时，可以参考此镜头的波形分布，将其他镜头调整为和此镜头类似的颜色关系，使几个镜头之间没有太大的颜色差别。在组接镜头时，颜色的范围、色调会比较统一，有助于影片整体色调的调节。

知识点3 颜色色相（H）调节

　　颜色色相，指每种颜色固有的色彩相貌与名称，可通过After Effects中的"色相/饱和度"进行调整。

　　执行"效果控件-色彩校正-色相/饱和度"命令，可调整图像单个颜色分量的色相、饱和度和亮度。此效果基于色轮，围绕色轮移动调整色相，沿色轮半径移动调整饱和度。

　　如图11-8所示，"通道范围"是颜色的范围。"主色相"下有色轮，拖曳色轮上的指针，可以将镜头的主色相调整为任意颜色。"通道控制"可以控制某一指定颜色通道，除主通道外，还包括红色、黄色、绿色、青色、蓝色和洋红，几种互补色，可以对不同互补色通道进行调节，达到色彩分离的效果。

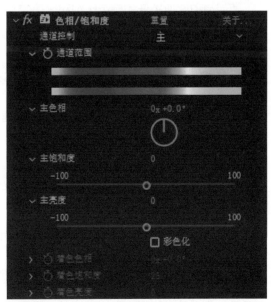

图11-8

知识点 4 颜色亮度 (L/B) 调节

颜色亮度，指颜色所具有的亮度和暗度，可通过 After Effects 中的"亮度和对比度"进行调整。

执行"效果控件–色彩校正–亮度和对比度"命令，可调整整个画面（不是单个通道）的亮度和对比度，默认值为"0"，表示没有进行任何更改，如图11-9所示。

使用"亮度和对比度"效果是调整图像色调范围最简单的方式之一，此方式可一次性调整图像中所有像素值，包括高光、阴影和中间调。

图11-9

知识点 5 颜色饱和度（S）调节

颜色饱和度，指颜色的鲜艳程度与混浊程度，其中所含颜色的多少，可通过 After Effects 中的"自然饱和度"进行调整。

执行"效果控件–色彩校正–自然饱和度"命令，有"自然饱和度"和"饱和度"2个选项，如图11-10所示。

"自然饱和度"可使颜色接近最大饱和度时最大限度地减少改变。与原始图像中已经饱和的颜色相比，原始图像中未饱和的颜色受"自然饱和度"调整的影响更大。

图11-10

"自然饱和度"特别适用于增加带有人物的图像的饱和度，该选项可调节的颜色色相在洋红色到橙色范围内，图像中的人物受"自然饱和度"调整的影响较少。

要使饱和度值较低的颜色比饱和度值较高的颜色受更多的影响，并保护肤色，可调整"自然饱和度"；要均衡调整所有颜色的饱和度，调整"饱和度"。

案例 色相、亮度和饱和度快速调节练习

本案例将对影片镜头进行快速处理，快速变换色调、去雾霾、增加色彩，并保持自然肤色。

扫描图11-11所示二维码可观看教学视频。

执行"文件–打开项目"命令，打开"色彩基础知识(初始）.aep"项目，其中，在"色相（H）调节"合成、"亮度（L/B）"合成和"饱和度（S）"合成中，均有3个图层。将画面分为3份，"XX01"是画面中间的一份；"XX03"是完整的画面，在最下层；"XX02"在"色相（H）调节"合成和"亮度（L/B）"合成中是最右侧一份，在"饱和度（S）"合成中是最上方一份。这样便于对不同效果进行对比。

图11-11

操作步骤

01 打开"色相（H）调节"合成，在时间轴面板中选中"秋天01"图层，按F3键，在效果控件面板的空白处单击鼠标右键，在弹出的菜单中执行"色彩校正 – 色相 / 饱和度"命令，将"通道控制"调整为"黄色"，如图 11-12 所示。

图11-12

02 拖曳"通道范围"色条上的滑块，扩大黄色的范围，这样影响的颜色更多。将"黄色色相"调整为"-28"左右，树叶的颜色会变红。注意"黄色色相"调整不要过度，可以得到比较自然的红叶，如图 11-13 所示。和原始画面对比，得到了深秋时红叶的效果。而画面中绿色部分还可以保留得较为完整，只改变了相对发黄叶子的颜色，这是对于黄色通道控制的结果。

图11-13

03 在时间轴面板中，单击选中"秋天02"图层，在效果控件面板的空白处单击鼠标右键，在弹出的菜单中执行"色相/饱和度"命令，单击勾选"彩色化"选项，这样可以给选中的画面添加一个单色。将"着色色相"调整为"240"，将"着色饱和度"调整为"30"，将"着色亮度"调整为"-80"，得到一个比较梦幻的颜色，如图11-14所示。"秋天02"图层的图层混合模式是"色相"，若调回"正常"，则可以为画面添加一个偏黑的紫色，如图11-15所示。图11-14中图层混合模式是"色相"，会把色相和原始画面做叠加，得到此时梦幻的颜色。

图11-14

图11-15

04 打开"亮度（L/B）"合成，在时间轴面板中选中"烤肉01"图层，在效果控件面板的空白处单击鼠标右键，在弹出的菜单中执行"色彩校正 - 亮度和对比度"命令，将"亮度"调整为"-46"，如图11-16所示。

相对于原始画面，可以看到此时的肉排纹理更加清晰，番茄的颜色发灰了，烤炉冒出来比较浓烈的烟雾对画面的影响变小了。

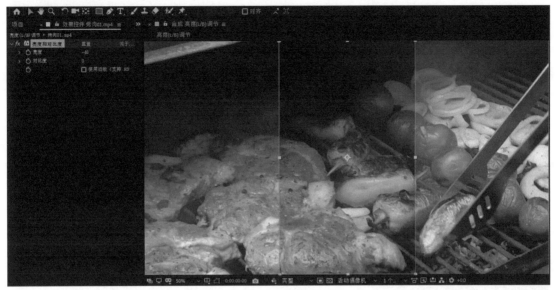

图11-16

05 选中"亮度和对比度"，按快捷键 Ctrl+C 将其复制，在时间轴面板中选中"烤肉02"图层，单击效果控件面板并按快捷键 Ctrl+V，将"亮度和对比度"效果粘贴（此时"烤肉02"图层和"烤肉01"图层的效果一致），将"对比度"调整为"70"，可以看到烟雾进一步弱化，食材更加清晰，如图11-17所示。

图11-17

06 打开"饱和度（S）"合成，在时间轴面板中选中"美女 01"图层，在效果控件面板的空白处单击鼠标右键，在弹出的菜单中执行"色彩校正 – 自然饱和度"命令，将"自然饱和度"调整为"100"。在时间轴面板中选中"美女 03"图层，在效果控件面板的空白处单击鼠标右键，在弹出的菜单中执行"自然饱和度"命令，将"饱和度"调整为"100"，如图 11-18 所示。

数值均调整为"100"是为了对比"自然饱和度"选项和"饱和度"选项的区别。可以发现"自然饱和度"调整为"100"时，人物的肤色没有太大的变化；"饱和度"调整为"100"时，人物的肤色变化比较大。这是因为"自然饱和度"选项在一定程度上对肤色有保护效果。

图11-18

07 在实际操作过程中，调节带有人物的画面时，可以调整"自然饱和度"。将"美女 01"图层的"自然饱和度"调整为"33"，画面中没有出现失真的情况，眼睛变得更蓝了，肤色没有太大变化。如果需要调节整个画面的色彩，可以调整"饱和度"，将"美女 03"图层的"饱和度"调整为"36"，画面的饱和度提升且未出现失真情况，效果如图 11-19 所示。

图11-19

本节回顾

扫描图11-20所示二维码可回顾本节内容。

1.鉴别和判断图像偏色，不要完全相信自己的眼睛，因为任何显示设备都存在偏色的可能。可以将图像在After Effects中打开，查看信息面板上的RGB数值及"Lumetri 范围"，从数据图形中判断图像是否偏色。

图11-20

2.在调整颜色和明亮度时，可以使用"Lumetri 范围"的YUV分量范围。如果要比较红色、绿色和蓝色通道之间的关系，可以使用"Lumetri 范围"的RGB分量示波器。如果想要观察直观的数据，可以使用"Lumetri 范围"的直方图显示形式。在Lumetri范围中可以同时使用多个不同的显示形式，如图11-21所示。

图11-21

3.在调节带有人物的画面时，可以调整"自然饱和度"效果中的"自然饱和度"选项，此选项在一定程度上对肤色有保护效果。在对整个画面进行色彩调节时，可以调整"自然饱和度"或"饱和度"。

第2节 简单校色

普通短视频或手机视频的视频质量相较于专业级影视作品的要求并不高，进行简单校色即可。利用颜色校正效果就可以完成简单校色，调整画面颜色。在时间轴面板中选中图层，在菜单栏中执行"效果-颜色校正-颜色平衡/色阶/曲线"命令，为图层添加颜色校正效果。"颜色平衡""色阶"和"曲线"是为视频添加颜色校正效果时经常使用的主要工具。

知识点 1 颜色平衡参数详解

颜色平衡效果可更改图像阴影、中间调和高光中的红色、绿色和蓝色（也就是RGB）的色彩数量，可保持图像的色调平衡。"颜色平衡"共10个选项，如图11-22所示。

"颜色平衡"中所有选项的参数调整范围均为"-100~100"。

"保持发光度"选项用于在更改颜色时，保持图像的平均亮度，一般不会勾选。

图11-22

知识点 2 色阶参数详解

色阶效果可将输入颜色或 Alpha 通道色阶的范围重新映射到输出色阶的新范围，并由灰度系数值确定色彩值的分布。此效果的作用与Photoshop中的"色阶"非常相似。"色阶"共9个选项，如图11-23所示。

"通道"用于指定要修改的颜色通道，包括"RGB""红色""绿色""蓝色"和"Alpha"。

"直方图"显示图像中的像素数和亮度值。单击直方图可使直方图显示所有颜色通道或仅显示在"通道"中选择的一个或多个通道。

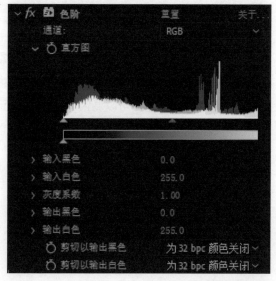

图11-23

"输入黑色"和"输出黑色"可以使输入图像中明亮度值等于"输入黑色"的值的像素，提供"输出黑色"值作为新的明亮度值。也就是说，"输入黑色"的值是图像中明亮度中的一个值，"输出黑色"是我们定义的一个值，图像中与"输入黑色"的值相等的明亮度将以自定义的"输出黑色"的值显示。"输入黑色"的值由"直方图"上图左下方的三角形表示;"输出黑色"的值由"直方图"下图左下方的三角形表示。

"输入白色"和"输出白色"可以使输入图像中明亮度值等于"输入白色"的值的像素,提供"输出白色"的值作为新的明亮度值。"输入白色"的值由"直方图"上图右下方的三角形表示;"输出白色"的值由"直方图"下图右下方的三角形表示。

例如,分别显示一张图片的"红色""绿色"和"蓝色"的"直方图",如图11-24所示。

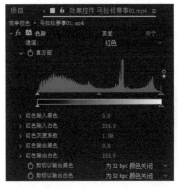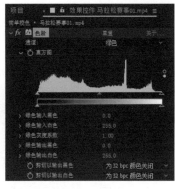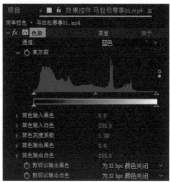

图11-24

由图11-24可知,此图像的红色明度分布较为均匀,绿色和蓝色明度分布较少。分别拖曳绿色和蓝色直方图右下方的滑块;直方图下图右下角滑块保持在最右侧。也就是改变其"绿色输入白色"和"蓝色输入白色"的值,将它们输出为"绿色输出白色"和"蓝色输出白色"的值,如图11-25所示。

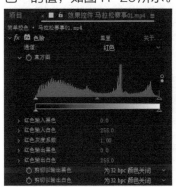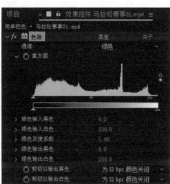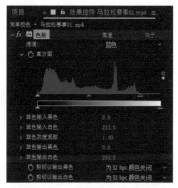

图11-25

图11-26左图为调整前的图像,右图为调整后的图像。对比两幅图像,可以看到调整后的图像中绿色和蓝色的明度提高了,整个画面显得更加鲜艳。

图11-26

"灰度系数"是用于确定输出图像明亮度值分布功率曲线的指数。"灰度系数"的值由"直方图"中下方中间的三角形表示。

"剪切以输出黑色"和"剪切以输出白色"用于确定明亮度值小于"输入黑色"值或大于"输入白色"值的像素的结果。如果已打开剪切功能，则会将明亮度值小于"输入黑色"值的像素映射到"输出黑色"值；将明亮度值大于"输入白色"值的像素映射到"输出白色"值。如果已关闭剪切功能，则生成的像素值会小于"输出黑色"值或大于"输出白色"值，并且灰度系数值会发挥作用。

知识点 3　曲线参数详解

"曲线"可调整图像的色调范围和色调响应曲线。"色阶"也可调整色调响应，但"曲线"控制力更强。效果控件面板中的"曲线"如图11-27所示。

在曲线图中可以通过调整曲线来调整图像颜色。

将曲线向上调整，可以使图像更亮；将曲线向下调整，可以使图像更暗。若将曲线的右上部分向上调整，将曲线的左下部分向下调整，如图11-28所示，图像的亮部更亮，暗部更暗，以此增加图像亮部与暗部的对比度。

"通道"用于指定要调整的颜色通道。将"通道"调整为"RGB"，并调整曲线改变整幅图像的明暗。将"通道"调整为单色通道，调整曲线，改变图像中该色的明暗。

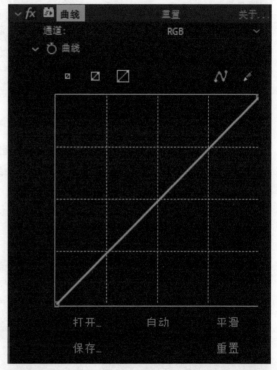

图11-27

"贝塞尔曲线"和"铅笔"（曲线右上角）用于修改或绘制曲线。要激活工具，需单击"贝塞尔曲线"按钮或"铅笔"按钮。

"自动"按钮可以自动调整"曲线"效果中的曲线。自动调整基于颜色和摄影专家对大量输入图像所进行的曲线调整所构成的数据库。

"平滑"按钮可以使曲线变得平滑。

"重置"按钮可以将曲线重置为直线。

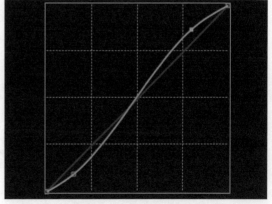

图11-28

案例 简单校色练习

本案例讲解如何利用简单的3种工具（色彩平衡、色阶和曲线），快速纠正镜头之间由于拍摄时间不同造成的明暗、颜色等差异，获得较为精准的画面颜色，从而提高视频的制作效率。

扫描图11-29所示二维码可观看教学视频。

图11-29

执行"文件-打开项目"命令，打开"简单校色（初始）.aep"项目，时间指示器位于3秒16帧。"阴影"图层、"中间调"图层和"高光"图层分别圈出了镜头中比较典型的阴影、中间调和高光部分。"马拉松赛事02.mp4"图层是将图像分为3份的中间部分。"马拉松赛事01.mp4"图层和"马拉松赛事03.mp4"图层的镜头一致。

操作步骤

01 在时间轴面板中显示"阴影""中间调"和"高光"图层，选中"马拉松赛事03.mp4"图层，按F3键，在效果控件面板的空白处单击鼠标右键，在弹出的菜单中执行"颜色校正-颜色平衡"命令，如图11-30所示。

图11-30

02 单击界面右侧的信息面板，以显示鼠标指针所在镜头位置的信息，如图11-31所示。

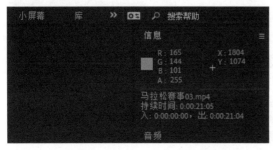

图11-31

03 在查看器面板中的镜头高光部分移动鼠标指针，查看信息面板中的RGB数值，可以看到"G"和"B"的数值偏低，如图11-32所示。

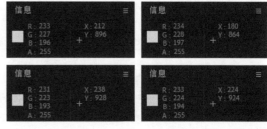

图11-32

04 根据上一步骤的数值可以判断，画面缺少蓝色和绿色，而红色偏多，所以镜头颜色偏黄。步骤 03 选取的是高光部分的数值，所以与之对应，调整"颜色平衡"中的高光部分，包括"高光红色平衡""高光绿色平衡"和"高光蓝色平衡"。通过信息面板中的数值计算出蓝色和红色相差"37"，绿色和红色相差"6"。在效果控件面板中将"高光绿色平衡"调整为"6"，将"高光蓝色平衡"调整为"37"，再次查看高光部分的 RGB 数值，如图 11-33 所示。可以看到，高光部分红色、绿色和蓝色的数值基本平衡。

图 11-33

05 调整中间调部分数值。在查看器面板中的镜头中间调部分移动鼠标指针，查看信息面板中的 RGB 数值，可以看到"G"和"B"的数值基本相同，"R"的数值偏高。经过计算，将"中间调红色平衡"调整为"-10"，调整后"R""G"和"B"数值基本平衡，如图 11-34 所示。

图 11-34

06 同理，调整阴影部分的平衡。在效果控件面板中将"阴影红色平衡"调整为"10"，将"阴影蓝色平衡"调整为"-12"，调整后"R""G"和"B"数值基本平衡，如图11-35所示。

图11-35

07 高光部分、中间调部分及阴影部分的颜色平衡已经调整过一遍了，但是每次调整数值后难免会对其他区域的颜色造成影响，所以仅仅调整一遍数值是远远不够的，需要重复几次，使高光部分、中间调部分及阴影部分的颜色都达到相对平衡的状态，如图11-36所示。

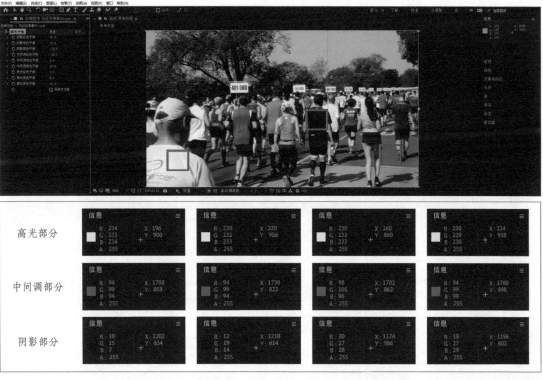

图11-36

08 在时间轴面板中隐藏"阴影""中间调"和"高光"图层，选中"马拉松赛事03.mp4"图层，在效果控件面板的空白处单击鼠标右键，在弹出的菜单中执行"颜色校正-色阶"命令。为方便观察镜头的颜色分布，在菜单栏面板中执行"窗口-Lumetri范围"命令，调出Lumetri范围面板，并将其显示模式调整为"分量RGB"，如图11-37所示。

图11-37

09 通过Lumetri范围面板，可以观察到镜头中红色部分的亮度超过了"255"；绿色部分的亮度范围较红色和蓝色的亮度范围低一些，红色、绿色和蓝色部分的暗部不同程度地低于"0"。在效果控件面板中，分别调整红色、绿色和蓝色通道的"输入白色""输出白色""输入黑色"和"输出黑色"的数值，以调整整个镜头的色阶，参数设置及结果如图11-38所示。至此，完成镜头色阶范围的调整。

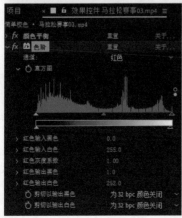 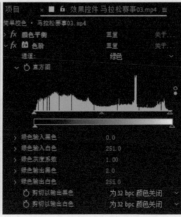 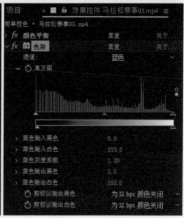

图11-38

10 通过调整镜头颜色范围和色阶，得到了颜色相对精准的镜头。接下来，对整个镜头进行综合性的调整。在时间轴面板中选中"马拉松赛事03.mp4"图层，在效果控件面板的空白处单击鼠标右键，在弹出的菜单中执行"颜色校正 – 曲线"命令。对曲线图进行调整，将整个镜头的亮度加强一些，暗部调暗一点，但亮部不要高于"255"，暗部不要低于"0"，如图11-39所示。因为之前的步骤已经对"红色""绿色""蓝色"通道进行了调整，使RGB颜色都在正确的范围之内分布，所以此时只需要对曲线中的"RGB"通道的亮度进行调整。在查看器面板中的镜头高光部分和阴影部分移动鼠标指针，查看信息面板中的RGB数值，可以看到高光部分的RGB数值在"240"左右，没有超过"255"形成过曝状态，阴影部分的RGB数值在"20"左右，没有低于"0"形成死黑的情况。曲线工具使整个镜头的对比度加强了，产生了平滑的对比度变化。

图11-39

11 制作添加效果的对比。在时间轴面板中，显示"马拉松赛事02.mp4"图层（镜头的中间部分），然后选中"马拉松赛事03.mp4"图层，在效果控件面板中选中"颜色平衡"，按快捷键Ctrl+C将其复制。在时间轴面板中，选中"马拉松赛事02.mp4"图层，在效果控件面板中，按快捷键Ctrl+V将复制的"颜色平衡"效果进行粘贴。在时间轴面板中，单击"马拉松赛事03.mp4"图层前的小箭头，将蒙版的叠加模式调整为"相加"，使镜头的左侧部分显示为原始镜头，效果如图11-40所示。

图11-40

12 图 11-41 所示为不同阶段镜头的对比情况。左侧部分是原始镜头，中间部分是校正色彩后的镜头，右侧部分是调整完成的镜头。

图11-41

本节回顾

扫描图 11-42 所示二维码可回顾本节内容。

1. 调整颜色的步骤

（1）调整镜头的颜色平衡"高光－中间调－阴影"，调整阴影部分的色调会对中间调部分的色调产生影响，可反复几次调节中间调和阴影部分的色调，使它们达到相对的色彩平衡。

图11-42

（2）使用色阶工具，对镜头的不同颜色通道进行明亮度调节，使它们均在正确的颜色范围之内（"0~255"）。

（3）使用曲线工具，调整整个镜头的对比度，使亮部更亮，暗部更暗。

2. 色彩校正的思路很重要，如果没有自己的校正思路容易造成调节的混乱，所以要不断总结适合自己的色彩校正思路，还需要根据不同的项目类型和时间周期对其进行相应的微调。

第3节 颜色校正（一级校色）

颜色校正在工作中经常被称为一级校色，是校正图像偏色的过程，以确保图像的色彩能够比较精确地再现拍摄现场人眼看到的情况。校色是比较严谨的工作，且有较严格的标准规范。

在After Effects中，一级校色与二级调色宽泛地使用术语"颜色校正"来表达。

知识点 1 校色的应用

校色常用于为多个素材统一色调、调整镜头颜色以模拟特定拍摄条件和修复拍摄瑕疵。

为多个素材统一色调便于合成编辑

在影片拍摄时，一般无法保证所有镜头都在相同条件下拍摄。如在下午拍摄时，光线变化很快，尤其是下午4点到5点太阳落山时，光线变化最快。要将一系列镜头编辑到一起，需要素材镜头看起来好像是在相同条件或者相同时间段拍摄的，这样就需要对镜头进行色彩校正，使所有的镜头看起来有相对统一的色调。图11-43中左侧一列为不同时间拍摄的3幅图片，右侧一列为对3幅图片统一色调后的结果。

图11-43

调整镜头颜色模拟特定拍摄条件

对镜头颜色进行校正，可以调整镜头颜色，模拟特定拍摄条件。例如，使白天拍摄的镜头看起来像是在夜晚拍摄的，使傍晚时拍摄的镜头看起来像在夜间拍摄的，如图11-44所示。

图11-44

调整镜头曝光度修复拍摄瑕疵

调整镜头曝光度，使其从过度曝光或曝光不足中恢复细节，修复前期拍摄的瑕疵。例如，在拍摄时，拍摄器材没有调整好，拍摄的镜头曝光不足，都可以使用After Effects对镜头进行修复，如图11-45所示。对于前期拍摄时的瑕疵，使用After Effects可以对其进行一定程度的纠正，但不能将所有细节、噪点瑕疵消除，所以在前期拍摄时还是要认真调节拍摄设备。

图11-45

知识点 2 颜色校正原则

下面讲解两个颜色校正原则。

标准色温（日光）影像的偏色以灰平衡为准

灰平衡可以是暗调、中间调或高光部分。在标准色温日光情况下，拍摄镜头的偏色以灰平衡为准，在黄昏或夜间拍摄的镜头标准不一样。在白天拍摄的镜头，颜色范围以中间色调的覆盖范围最多，因此以中间调的灰平衡为准。在校色处理上，中间调基本接近1:1:1就算校正到位。如采样点的RGB参数为128、124、130，就认为镜头的颜色实现了比较好的校正。因为有环境光的影响，所以对于要求不高的镜头校色，允许有10%左右的校色偏差。

遵循三基色与三补色光学规律

颜色校正的过程，是对光学数据（基本上是三基色或者三补色）相互增减和互补关系调节的过程。此过程遵循三基色RGB与三补色CMY的光学规律。

知识点 3 调整图层

执行"图层-新建-调整图层"命令或按快捷键Ctrl+Alt+Y，即可创建调整图层。

调整图层将效果应用于合成中调整图层之下的所有图层。因此，与分别将相同的效果应用于各个图层相比，将效果应用于调整图层可以提高工作效率。

知识点 4 Lumetri 颜色 - 基本校正

执行"效果-颜色校正-Lumetri颜色"命令或选择"效果和预设"面板中的"颜色校正-Lumetri颜色"为图层添加Lumetri颜色。Lumetri颜色提供了色彩校正和二级调色流程常用的选项。

使用Lumetri颜色中"基本校正"下的选项可以对镜头进行颜色校正，使镜头颜色达到相对准确的范围。Lumetri颜色除了"基本校正"，还有"创意"和"曲线"等调色工作流程。本小节主要讲解使用Lumetri颜色中"基本校正"进行镜头颜色的校正，"基本校正"中的选项如图11-46所示。

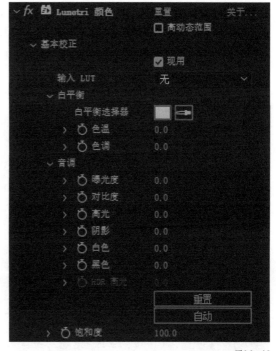

图11-46

"输入LUT"可以校正或者还原镜头原本的颜色信息，可以将不同器材设备预设的LUT文件或第三方制作的器材设备预设LUT文件载入。在校正不同设备输出的镜头时，选择对应预设。根据不同的拍摄或航拍器材，可以在网上找到相应的LUT文件。

"白平衡"用于调节镜头的色温与色调。"白平衡"下的"色温"从最冷到最暖的调节范围为"-300~300"，"色调"从绿色到洋红色的调节范围为"-300~300"。"白平衡选择器"可以选择镜头中没有色彩倾向的灰色部分，系统将自动校正镜头偏色，调整镜头的色温和色调，对于偏色不严重的镜头可以使用，对于光源复杂或偏色严重的画面不建议使用。

"音调"包含"曝光度""对比度""高光""阴影""白色""黑色"和"HDR高光"选项，均为颜色校正过程中基本的调节选项。"重置"按钮，用于重置选项的参数；"自动"按钮用于自动调整"音调"。

"饱和度"可以调节整个画面的饱和度。

Lumetri颜色经过GPU加速，可实现更强的性能。使用Lumetri颜色可以用具有创意的全新方式按序列调整颜色、对比度和光照。

案例 航拍半夜景城市校色练习

利用Lumetri颜色的基本校正模块，对航拍的半夜景城市镜头进行颜色校正（一级校色）。通过本案例进一步理解Lumetri颜色中基本校正模块的基本用法。

扫描图11-47所示二维码可观看教学视频。

执行"文件-打开项目"命令，打开"颜色校正（一级校色）（初始）.aep"项目，在"颜色校正（一级校色）"合成中只有一段航拍的半夜景城市镜头，本案例将对这段镜头进行颜色的基本校正。

图11-47

操作步骤

01 在时间轴面板的空白处单击鼠标右键，在弹出的菜单中执行"新建-调整图层"命令，并将其重命名为"颜色校正"。选中"颜色校正"图层，按F3键，在效果控件面板的空白处单击鼠标右键，在弹出的菜单中执行"颜色校正-Lumetri颜色"命令，展开"基本校正"模块，如图11-48所示。

图11-48

02 因为"城市航拍"视频不能确定是由哪种型号的设备拍摄的，所以对"输入LUT"不做选择。调整镜头的白平衡，使用"白平衡选择器"的吸管吸取镜头中的颜色，对整个镜头的色温和色调进行校正。整个镜头是偏亮的，颜色从最暗到最亮的数值范围是"0-255"，这里需要选取的RGB数值均为"120"。镜头中的白云部分，颜色较亮且基本没有色彩倾向，查看RGB数值，两栋楼之间的白云部分符合上述条件，如图11-49所示。

图11-49

03 在效果控件面板中，单击"白平衡选择器"的吸管，在查看器面板中吸取上一步骤找到的颜色，系统将根据吸取的颜色自动校正，"色温"和"色调"数值自动进行了调整。查看镜头中不同灰色部分的 RGB 数值（白云部分、无色彩倾向的楼体），如图 11-50 所示。吸取不同的颜色，系统会自动对"色温"和"色调"进行调整，可以重置操作后，吸取其他颜色进行尝试。

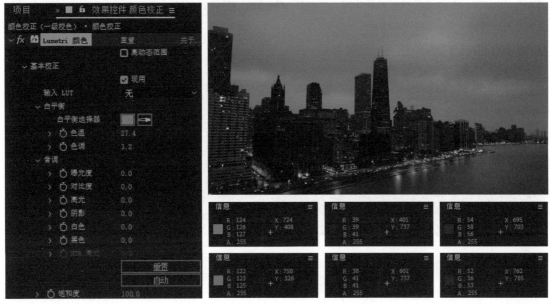

图11-50

04 使用灰平衡原理，不论颜色较暗还是较亮，只要选取颜色的 RGB 数值基本为 1∶1∶1 即可，但要保证选取的颜色在镜头中占比比较大。若镜头展示的是白天，选择 RGB 数值在"125"左右的颜色。本案例中是比较暗的夜景，可以通过 Lumetri 范围面板"分量（RGB）"显示模式查看镜头的 RGB 范围，找到居中的数值。在效果控件面板中，重置"Lumetri 颜色"，执行"窗口 -Lumetri 范围"命令，打开 Lumetri 范围面板，将显示模式调整为只显示"分量（RGB）"。查看镜头的 RGB 分布范围，蓝色最多，红色和绿色相对较少，如图 11-51 所示。

图11-51

05 由于案例中的航拍镜头是半夜景状态，所以镜头中没有太亮的部分。通过观察 Lumetri 范围面板可以得知，镜头中最亮的部分在"179"左右，最暗的部分在"0"左右，由此可以计算出整个镜头的亮度范围集中在"90"左右。使用效果控件面板中白平衡选择器的"吸管"，吸取查看器面板中镜头 RGB 数值接近"90"的颜色，查看镜头和 Lumetri 范围面板中 RGB 的分布范围，如图 11-52 所示。此时"色温"为"46.9"，"色调"为"23.7"，对比颜色校正前后的镜头，校正前镜头偏向蓝色调，校正后 RGB 分布较为平均，白云部分偏红色，符合太阳刚刚下山时的情况。

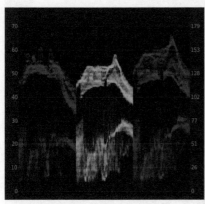

图11-52

06 若觉得镜头的色温不太满意，可以在步骤 05 的基础上手动调节，将"色温"的数值调整得高一点（这里调整为"52"），红色分布增多，蓝色分布减少，通过调整"色温"的数值，控制镜头整体的颜色；将"色调"的数值调整得低一点（这里调整为"8.7"），可以使镜头的绿色分布增多，如图 11-53 所示。

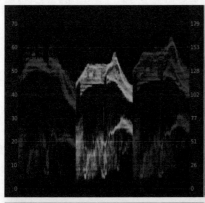

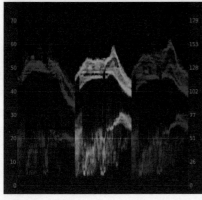

图11-53

07 案例中镜头为半夜景,若想要得到夜景的镜头,并突出灯光,可以将"曝光度"降低一些(这里调整为"-1.5"),镜头整体颜色变暗,如图11-54所示。

图11-54

08 将"对比度"调整为"35",建筑的轮廓变得清晰了一些,如图11-55所示。对比度数值不要调整得过大,否则镜头会产生噪点。

图11-55

09 将"高光"调整为"150"以增强镜头的明暗对比,让亮的部分更亮,如图11-56所示。镜头中产生了噪点,这与拍摄设备有关。

图11-56

10 查看Lumetri范围面板,看到已经有低于"0"的颜色分布,如图11-57所示。画面中暗部比较昏暗。

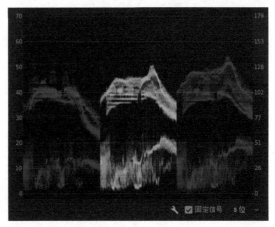

图11-57

11 在效果控件面板中,将"阴影"调整为"36",使暗部不要过于昏暗,如图11-58所示。暗部过暗,颜色的RGB分布低于"0"会产生死黑颜色。

图11-58

12 将"白色"调整为最大,镜头呈现为天亮的状态,没有夜景的感觉,因此将"白色"调整为"40",使亮的地方整体亮一些,如图11-59所示。

图11-59

13 镜头中暗部已经很暗了，"黑色"只需要稍微调低一点，将"黑色"调整为"-1"，如图 11-60 所示。

图 11-60

14 根据画面的需要增加一点饱和度，将"饱和度"调整为"120"，如图 11-61 所示。镜头整体的色彩范围会拉开，水更蓝，灯光更暖。

图 11-61

本节回顾

扫描图11-62所示二维码回顾本节内容。

图11-62

1．"输入LUT"要根据不同品牌的拍摄设备、不同的设备型号和不同拍摄格式进行相应的选择。

2．白平衡吸管工具的颜色选择至关重要。如果选择得当，可以得到非常好的颜色校正效果，快速提升工作效率；如果效果不理想，可以手动调整参数。

3．"Lumetri颜色-基本校正"模块中的"对比度"不需要调整得太高，因为在后期调整"Lumetri颜色-创意"模块时还要进一步地调整，所以"对比度"可以低一点，免得镜头产生噪点。"Lumetri颜色-基本校正"模块中的"曝光度""高光""阴影"是要调整的。

4．如果想要更多夜景的状态，可以将"高光"和"白色"调整为"0"，调低"阴影"，调高"高光"。"黑色"和"白色"要谨慎调整。"黑色"调整得太低，会形成死黑颜色；"白色"调整得过多，天空会很亮，像是白天。

5．调节"曝光度"数值为负数，镜头中不论明暗都会被压暗，灯光失真。适量降低"曝光度"，可以突出整个夜景的颜色范围，通过"高光"和"阴影"的调整，改变镜头中色彩的明暗对比。

6．调整Lumetri颜色时，无固定数值，需根据镜头需要，调节不同选项的数值。对于本节的案例，若想要得到夜景的颜色状态，将"白色"调整为"0"，将"黑色"调整为"-1"，将"对比度"调整为"0"，将"曝光"调整为"-1.5"，将"高光"调整为"147"，将"阴影"调整为"-72"，效果如图11-63所示。

图11-63

第4节 颜色调整（二级调色）

颜色调整在工作中经常被称为二级调色，主要对影片的整体色调偏色或者某一个画面的个别颜色进行调整，致力于创建更加丰富有趣的画面色彩，而非校正颜色问题。

在 After Effects 中，一级校色与二级调色宽泛地使用术语"颜色校正"来表达。

知识点 1 创建整体风格——Lumetri 颜色 - 创意

在进行二级调色时，要有意识地为镜头创建风格，如传统风格、流行风格、大众化风格，并要考虑所处的季节、时间氛围等。风格不是特定的，而是为了更好地突出导演的意图、烘托剧情、传达情绪，切记不要一味追求风格而忽视风格的意义。

使用 Lumetri 颜色中"创意"下的选项为画面创建、整理风格。"创意"下的选项如图 11-64 所示。

"Look"下拉框中的所有预设统称为 LUTS，有模拟胶片风格的 LUT 文件，还有一些其他风格文件。自己可以创建 LUT 文件或导入第三方创建的 LUT 文件，快速创建镜头的风格。

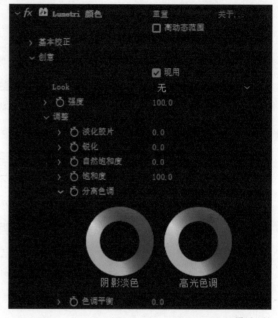

图11-64

"创意"与"颜色校正"中的 LUTS 的区别是，"创意"中的 LUTS 致力于为镜头创建各种风格，而"颜色校正"中的 LUTS 致力于针对不同设备拍摄的镜头存在的颜色瑕疵进行一定程度的弥补。

"强度"可以控制 LUT 与镜头的融合程度，调节范围为"0~200"。可以为镜头添加多个"Lumetri 颜色"。在"创意"中选择不同的 LUT，将"强度"调整为不同的数值，叠加出想要的效果。

"淡化胶片"类似于在画面上叠加了一层灰色，模拟胶片拍摄的感觉。

"锐化"可以增加镜头的锐利程度，可以粗略地理解为增加镜头的清晰度。

"自然饱和度"可以对镜头中饱和度不足的颜色增加饱和度，但对饱和度已经很高的颜色不起作用，比调节"饱和度"好用。

"饱和度"可以增加镜头所有颜色的饱和程度。

"分离色调"可以调整高光色调和阴影淡色的颜色走向，一般都将高光色调与阴影淡色向互补的颜色调节，形成适当的对比。

"色调平衡"可以向正数方向调整，使镜头颜色向"阴影淡色"调整的颜色偏移，反之向"高光色调"调整的颜色偏移，以平衡"阴影淡色"和"高光色调"调整的颜色。

知识点 2 细节分区调整

下面讲解"Lumetr 颜色"中的"曲线""色轮""HBL 次要"和"晕影"模块。

Lumetri 颜色 – 曲线

"曲线"下又分为"RGB 曲线"和"色相饱和度曲线"两个模块，如图 11-65 所示。

"RGB 曲线"包含"HDR 范围"和"RGB 曲线"两个选项。"色相饱和度曲线"包含"色相与饱和度""色相与色相""色相与亮度""亮度与饱和度"和"饱和度与饱和度"5 个选项。

"RGB 曲线"用于调节镜头整体颜色、红色、绿色或蓝色的明度。"RGB 曲线"下有白色、红色、绿色和蓝色 4 个颜色的圆点，选中任一圆点后，调节下方的曲线，可以分别调节镜头整体颜色、红色、绿色或蓝色的明度。调整的方法是，根据镜头需要，选中某个颜色，在直线上的不同位置单击添加锚点，向上或向下拖曳锚点，改变相应颜色的明度。在曲线图中任何位置双击，曲线恢复为直线，即清除对该明度的调整。

"色相与饱和度"适用于提升或降低特定颜色的饱和度。

"色相与色相"可在选定色相范围内调整像素的色相，添加锚点后向上或向下拖曳可改变所选色相范围的色相，适用于校正颜色。

"色相与亮度"可在选定色相范围内调整像素的亮度，适用于强调或淡化孤立色彩。

"亮度与饱和度"可在选定亮度范围内调整像素的饱和度，适用于提升或降低亮处或阴影的饱和度。

"饱和度与饱和度"可在选定饱和度范围内调整像素的饱和度。

曲线中各个选项调整方式相似，选项名字的前部分为指定属性，后部分为调整属性，对镜头进行局部调整时非常好用。

图 11-65

Lumetri 颜色-色轮

"色轮"分为阴影、中间调和高光3个色轮，如图11-66所示，它们用于分离阴影色、中间色和高光色。

高光和中间调可以向相邻的颜色调整，阴影向高光和中间调的互补色调整。在某一色轮中双击，复原该色轮的设置。

分离镜头中阴影、中间调和高光的色彩倾向，为镜头建立独特的风格。

Lumetri 颜色-HBL 次要

"HBL次要"比"曲线"对于镜头的调整更加细微，常用于调整分布非常小且边界清晰的颜色范围。大面积颜色范围的调整选用"曲线"。

"HBL次要"分为"键""优化"和"更正"3个模块，如图11-67所示。

调整"键"下的选项，快速为镜头设置蒙版。

调整"优化"下的"降噪"选项，可以使蒙版产生一定的模糊值，增加过渡的信息，"模糊"选项可以使蒙版边缘扩大，选择的颜色不再干净，产生羽化的效果。

"更正"下的选项在前文中都出现过，只是针对的调整对象不同，这里的选项调整的对象是前两个模块调整好的蒙版。

Lumetri 颜色-晕影

"晕影"用于为镜头添加暗角，其下有"数量""中点""圆度"和"羽化"4个选项，如图11-68所示。

"数量"和"中点"用于控制暗角影响镜头的范围。

"圆度"用于调整暗角的圆度。

"羽化"用于调整镜头与暗角的过渡，控制交界处的模糊程度，可以使镜头与暗角的过渡更自然。

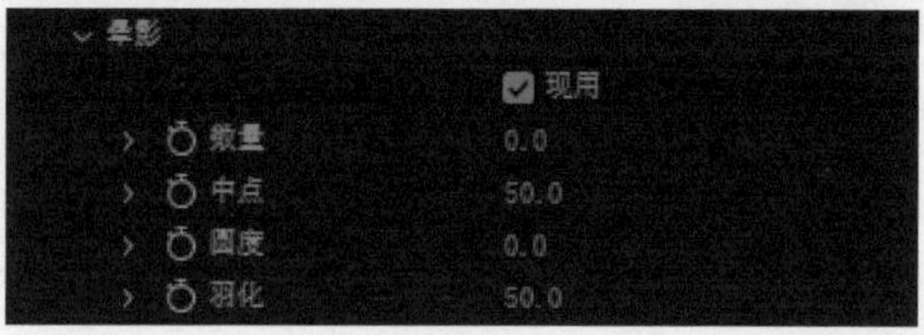

图11-66

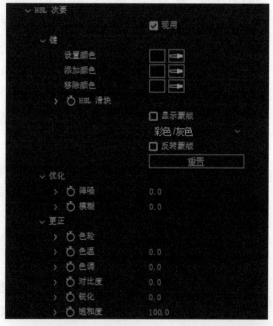

图11-67

图11-68

案例 黑金城市调色练习

在拍摄现场，每一个光源都有它存在的意义，但由于环境的限制、灯光不足、设备欠缺等因素，导致镜头的效果存在色调不统一等问题。那么，在拍摄完成后就需要对拍摄的镜头进行调整。

本案例中的镜头就存在这样的问题。接下来将讲解如何利用Lumetri颜色的"创意"部分，将不同色调的镜头进行统一的调整。案例中会用到LUT文件，将镜头统一色调，再针对个别镜头进行相应的局部调色，达到更好的镜头效果。扫描图11-69所示二维码可观看教学视频。

图11-69

操作步骤

01 执行"文件–打开项目"命令，打开"黑金城市(初始).aep"项目，在"黑金城市"合成中有3个镜头。第1个镜头是几乎贴地的角度拍摄的石头，偏向蓝色调；第2个镜头是俯拍城市的中景镜头，天色发灰；第3个镜头是城市远景道路的镜头，天色已经很暗，道路上的灯光效果和前两个镜头也不统一，如图11-70所示。

图11-70

02 在时间轴面板的空白处单击鼠标右键，在弹出的菜单中执行"新建–调整图层"命令，并将其重命名为"二级调色"。选中"二级调色"图层，单击鼠标右键，在弹出的菜单中执行"效果–颜色校正–Lumetri颜色"命令，如图11-71所示。

图11-71

03 在效果控件面板中，展开"创意"模块，单击"Look"下拉框，在弹出的列表中单击"浏览"按钮，在弹出的对话框中找到"黑金城市.CLUB"文件，将其导入，此时镜头效果如图 11-72 所示。

图 11-72

04 针对每个镜头进行调整。展开信息面板，查看"城市近景"镜头和"城市中景"镜头中天空交界处的 RGB 数值，可以发现"城市近景"镜头天空的颜色在"140"左右，"城市中景"镜头中天空的颜色在"100"左右。所以，要降低"城市近景"镜头中天空的亮度，使其颜色降低到"100"左右，这样"城市近景"镜头和"城市中景"镜头的过渡会更好。在时间轴面板中选中"城市近景"图层，单击鼠标右键，在弹出的菜单中执行"效果 - 颜色校正 -Lumetri 颜色"命令，在效果控件面板中，展开"曲线"模块，通过"色相饱和度曲线 - 色相与亮度"曲线调整"城市近景"镜头中天空的颜色。由于镜头中需要保留的明亮部分基本为黄色与红色，所以在"色相与亮度"曲线中黄色和绿色交界处添加一个锚点，在紫色和红色交界处添加一个锚点，并在两个锚点中间处添加一个锚点，将中间的锚点向下拖曳，使"城市近景"镜头中天空的颜色降到"100"左右，如图 11-73 所示。

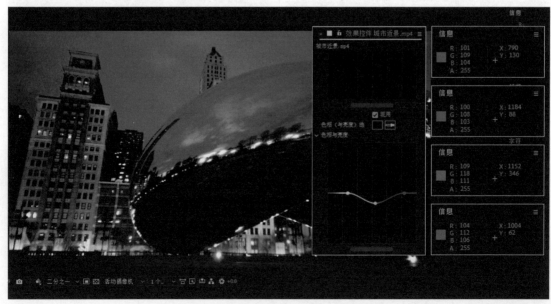

图 11-73

05 在效果控件面板的"色相与亮度"曲线中，再添加两个锚点，并适当向下拖曳，使颜色过渡更加平滑。在"亮度与饱和度"曲线的左侧、中间和右侧添加一个锚点（亮部），并将右侧的锚点向上拖曳，左侧的锚点向下拖曳，使镜头中亮部的饱和度高一些，暗部的饱和度低一些。同时镜头左上角的噪点也减少了，如图11-74所示。

图11-74

06 调整"城市中景"镜头，将红色的屋顶部分弱化，使黄色灯光在画面中最明显。在时间轴面板选中"城市中景"图层，为其添加"Lumetri 颜色"，通过"色相与饱和度"曲线调整"城市中景"镜头中屋顶的颜色。使用"色相（与饱和度）选择器"吸取屋顶的颜色，"色相与饱和度"曲线中出现3个锚点，将中间的锚点向下拖曳。此时屋顶的颜色还是较红，通过"色相与色相"曲线改变其颜色。使用"色相（与色相）选择器"吸取屋顶的颜色，将"色相与色相"曲线中间的锚点向下拖曳，如图11-75所示。屋顶饱和度降低了，颜色变为橙色偏绿，不再抢眼。

图11-75

07 调整 "城市远景" 镜头中由于反射灯光颜色而过于鲜艳的地面，将其颜色调整得偏黄一些。在时间轴面板选中 "城市远景" 图层，为其添加 "Lumetri 颜色"，通过 "色相与色相" 曲线调整 "城市中景" 镜头中路面的颜色。使用 "色相（与色相）选择器" 吸取路面的颜色，将 "色相与色相" 曲线中间的锚点向下拖曳，如图 11-76 所示。

图11-76

08 此时，"城市远景" 镜头中亮着的地方偏黄，天空部分存在很多噪点。为 "城市远景" 镜头单独添加 LUT 文件，在时间轴面板中选中 "二级调色" 图层，按 Shift 键将时间指示器拖曳到 "城市远景" 镜头与 "城市中景" 镜头的交界处，时间指示器会在交界点处吸附，按快捷键 Alt+]，将 "二级调色" 图层的工作区在此位置结束，"城市远景" 镜头将不受 "二级调色" 图层的影响。在时间轴面板中选中 "城市远景" 图层，在效果控件面板中展开 "创意" 模块，导入 "黑金城市" LUT 文件，将 "强度" 调整为 "60"，对 "色相与色相" 曲线适当调整，如图 11-77 所示。

图11-77

09 为所有镜头添加暗角效果。在时间轴面板的空白处单击鼠标右键，在弹出的菜单中执行"新建－调整图层"命令，并将其重命名为"暗角"。选中"暗角"图层，单击鼠标右键，在弹出的菜单中执行"效果－颜色校正－Lumetri 颜色"命令，在效果控件面板中展开"晕影"模块，将"数量"调整为"-1.6"，"羽化"调整为"70"，效果如图11-78所示。本案例到此结束。

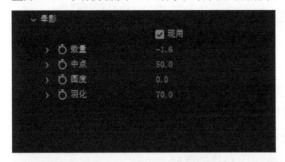

图11-78

本节回顾

扫描图11-79所示二维码可回顾本节内容。

图11-79

1.本节案例只进行了二级调色的工作，将3个色调不同的镜头实现了统一。在实际的工作流程中应该先对每个镜头进行颜色校正，统一色调，或是制作颜色过渡，使第一个镜头到第三个镜头有时间变化上的自然过渡。

2.LUT是连接不同色彩空间的桥梁。在影像数字化的今天，LUT在影像后期处理发挥着重要作用，特别是色彩管理。利用LUT可以在后期系统中校准不同显示媒介的差别，调整白平衡等。LUT在调色过程中也可以发挥作用，它可以将调色效果记录下来，并应用到其他素材上，从而获得统一的影调。

3.二级色调的范畴包括：对人物，尤其是对女演员镜头的美化；增强前后景的反差，突出主体；降低暗部的饱和度；改变某些色相等。它可以完成一些拍摄现场几乎不可能或者很难完成的事情。

4.从一级校色到二级调色的流程可以在"Lumetri颜色"中完成，包括在"基本校正"模块完成一级校色，在其他模块完成二级调色，在"创意""曲线"和"色轮"中对镜头整体基调进行调整。创建镜头的整体风格，可以利用"曲线"工具对单独的颜色区间进行调整，可以利用"色轮"对镜头的高光、阴影和中间调进行分离，可以利用"HSL次要"单独调整某些颜色，最后可以利用"晕影"为镜头添加暗角。在工作中经常会在"Look"中使用很多LUT文件合成镜头的颜色，当然也不一定会用到"Lumetri颜色"中所有的模块。

《狂野非洲》
预告片实战案例

预告片是对影片中精华片段的剪辑，它能令人对正式影片充满期待。通常在影视作品上映前一到两个月由官方正式发布。

本课将讲解如何使用前面学过的知识制作出商业级的《狂野非洲》预告片。

本课将运用前面所学的知识制作《狂野非洲》预告片。预告片是将影片中的信息、精华镜头与震撼的音乐相结合，制作出的有节奏感的短片。本课案例制作的预告片包含影片上映的时间、电影的精彩画面（本案例中用镜头图片替代）和广告语。扫描图12-1所示二维码可观看《狂野非洲》预告片。

图12-1

图12-2所示的图片为《狂野非洲》预告片中的一些画面。

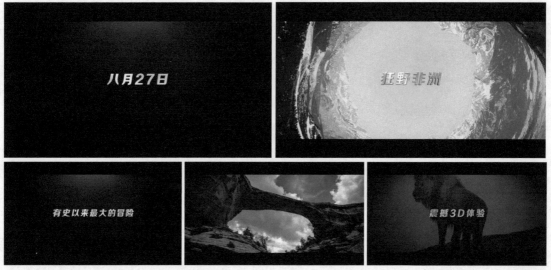

图12-2

在制作预告片前，要制作详细的分镜头脚本，如先出现文字，还是先出现影片中的镜头。根据电影主题，选择适合电影风格的音乐，可以对音乐进行编辑，并使用一些音效来强化效果，然后根据音乐的节奏将文字和影片镜头安排好。

在After Effects中打开"电影预告片（初始）"项目，在项目面板中有一个"电影预告片"文件夹。此文件夹包含一个"设计文件"文件夹和一个"视频"文件夹，一个"渲染"合成和一个"音乐"合成，一个"预告片音乐.mp3"文件和一个"预告片音效.wav"文件。

"设计文件"文件夹中包含的内容如下："纯色"文件夹包含一些空对象图层和调整图层；"镜头图片"文件夹中有14幅用来替代镜头的图片；"粒子"文件夹中包含一些飘散的粒子文件；"图片"文件夹中有3幅图片——背景图片、背景纹理和透明图片；"烟雾"文件夹中有5个烟雾视频文件；"影片遮幅"PNG格式图片文件和"氛围光"灯光闪烁视频文件。

"视频"文件夹里是利用镜头图片制作的13个镜头合成。

"渲染"合成中此时无任何内容。

"音乐"合成是一小段简单的音乐。

本课将分为6节讲解《狂野非洲》预告片的制作过程。第1节讲解基础文字动画的制作；第2节讲解3D文字效果的制作；第3节讲解文字镜头的制作；第4节讲解快速替换内容制作其他镜头；第5节讲解文字动画与音视频素材的拼接；第6节讲解片尾的制作。

第1节 基础文字动画制作

本节将讲解如何为文字"八月27日"制作字间距动画和摄像机动画，实现文字飞快地冲入画面，接着缓缓地缩小，最后定格到合适的大小及位置。

扫描图12-3所示二维码可观看本节的教学视频。

图12-3

图12-4所示的图片为本节需要实现的效果。

图12-4

操作步骤

01 在项目面板中选中"电影预告片"文件夹，在项目面板左下角击"新建文件夹"按钮，新建一个文件夹，并命名为"文字"，如图12-5所示。

02 选中"文字"文件夹，在项目面板的底部，单击"新建合成"按钮，创建一个新合成，将"合成名称"命名为"文字01"，将"持续时间"调整为"0:00:10:00"，如图12-6所示。

图12-5

图12-6

03 在项目面板中选中"文字 01"合成，双击进入合成，在时间轴面板中单击鼠标右键，执行"新建 - 文本"命令，将新建的文本图层命名为"文字 01"，如图 12-7 所示。

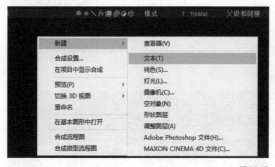

图12-7

04 在时间轴面板中双击"文字 01"图层，在查看器面板中输入"八月 27 日"，如图 12-8 所示。

图12-8

05 在段落面板中将文字设置为"居中对齐文本"，单击锚点工具，在查看器面板中将文字锚点调整到文字底部中间位置，如图 12-9 所示。

图12-9

06 将制作文件保存备份，执行"文件 - 另存为 - 另存为"命令，将文件另存为"电影预告片 1(初始)"，如图 12-10 所示。

图12-10

07 在字符面板中设置文字属性，文字大小为"115 像素"，选中"粗体""仿斜体"，如图 12-11 所示。

图12-11

08 在时间轴面板空白处单击鼠标右键，执行"新建 - 摄像机"命令，在弹出的对话框中，将"预设"调整为"35 毫米"，确认未选择"启用景深"选项，选中"锁定到缩放"选项，如图 12-12 所示。

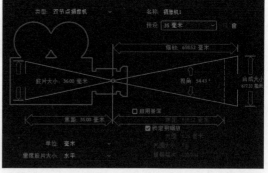

图12-12

09 在时间轴面板空白处单击鼠标右键，执行"新建－空对象"命令。在信息面板中，查看"文字 01"图层文字锚点的位置为"962，550"。将"空 4"图层移动到文字锚点位置，如图 12-13 所示。

图12-13

10 在时间轴面板中将"文字 01"图层、"空 4"图层转换为 3D 图层，如图 12-14 所示。单击查看器面板左下方的 回 按钮，在弹出的菜单中选择"标题／动作安全"。

图12-14

11 单击查看器面板左下方的 回 按钮，在弹出的菜单中选择"标尺"，选中"空 4"图层，拉出两条参考线与"空对象"图层对齐，如图 12-15 所示。

图12-15

12 将"空 4"图层重命名为"摄像机控制"，将"摄像机"图层与"摄像机控制"图层进行父子链接，如图 12-16 所示。

图12-16

13 制作字间距动画。在时间轴面板中选中"文字 01"图层，展开"文字 01"图层，单击"动画"右边的按钮，选择"字符间距"。将时间指示器拖曳到 0 帧，单击"字符间距大小"前的码表添加关键帧，将"字符间距大小"调整为"470"，如图 12-17 所示。

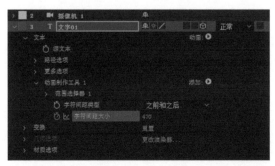

图12-17

14 将时间指示器拖曳到 1 秒，将"字符间距大小"调整为"12"。将时间指示器拖曳到 10 秒，"字符间距大小"调整为"0"，如图 12-18 所示。按 J 键、K 键，快速浏览前后关键帧的效果。

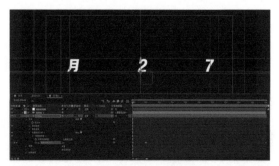

图12-18

15 选中"文字 01"图层，收起图层。按 U 键，显示该图层所有关键帧信息。将时间指示器拖曳到 1 秒，选中"字符间距大小"关键帧，按 F9 键，打开图表编辑器，关键帧的显示变为贝塞尔曲线，如图 12-19 所示。

图 12-19

16 选中 1 秒处的曲线关键帧，单击鼠标右键，在弹出的菜单中执行"关键帧速度"命令，在弹出的对话框中，将关键帧的传入速度调整为"100"，如图 12-20 所示。将时间指示器拖曳到 2 秒，按 N 键，将工作区域规定在 2 秒内，按小键盘 0 键预览动画。

图 12-20

17 关闭图表编辑器。将预览视图调整为"2 个视图 - 水平"。将时间指示器拖曳到 0 帧，选中"摄像机控制层"。按 P 键，单击"位置"前的码表添加关键帧，将"位置"调整为"962，551，1870"，如图 12-21 所示。

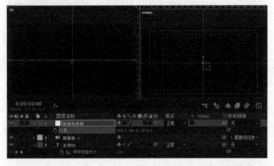

图 12-21

18 按 K 键，时间指示器将自动跳转到 1 秒，将"位置"调整为"962，551，0"，系统在当前时间位置自动生成一个关键帧，如图 12-22 所示。

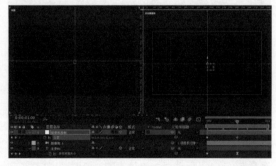

图 12-22

19 选中"位置"关键帧，按 F9 键，打开图表编辑器，关键帧变贝塞尔曲线。按住 Shift 键，拖曳控制手柄，将"影响"调整为"100%"，如图 12-23 所示。

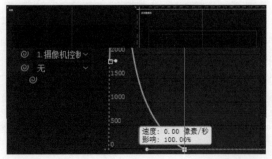

图 12-23

第2节 3D文字效果制作

本节将以第1节制作的文字动画为基础，讲解如何使用"梯度渐变""斜面Alpha""CC Light Sweep""简单阻塞工具"和"投影"效果，以及使用不同的图层叠化出3D立体文字的效果。扫描图12-24所示二维码可观看本节教学视频。

图12-24

图12-25所示的图片为本节需要实现的效果。

图12-25

操作步骤

01 在项目面板中，选中"电影预告片"文件夹，在项目面板左下角单击"新建文件夹"按钮，新建一个文件夹，并命名为"3D文字"，如图12-26所示。

02 选中"3D文字"文件夹，在项目面板的底部，单击"新建合成"按钮，创建一个新合成，将"合成名称"命名为"文字3D-01"，将"持续时间"调整为"0:00:10:00"，如图12-27所示。

图12-26

图12-27

03 将"文字"文件夹内的"文字 01"合成拖曳到"文字 3D-01"时间轴面板中,如图 12-28 所示。将查看器面板调整为"1 个视图"。

图 12-28

04 按 F3 键,打开效果控件面板。在效果控件面板空白处单击鼠标右键,执行"生成 – 梯度渐变"命令,如图 12-29 所示。

图 12-29

05 将时间指示器拖曳到 1 秒,将"梯度渐变"调整为由亮部到暗部的过渡。将"梯度渐变 – 起始颜色"调整为"H: 0、S: 0、B: 100",将"梯度渐变 – 结束颜色"调整为"H: 0、S: 0、B: 45",如图 12-30 所示。

图 12-30

06 将"梯度渐变 – 渐变起点"调整为"960,430",将"梯度渐变 – 渐变终点"调整为"960,620",如图 12-31 所示。

图 12-31

07 在效果控件面板空白处单击鼠标右键,执行"透视 – 斜面 Alpha"命令,将"边缘厚度"调整为"2.70",将"灯光角度"调整为"+28"如图 12-32 所示。

图 12-32

08 单击查看器面板下方的"切换透明网格"按钮,将视图切换至透明模式。在效果控件面板空白处单击鼠标右键,执行"透视 – 投影"命令,将"不透明度"调整为"100",将"距离"调整为"12",将"柔和度"调整为"25",如图 12-33 所示。

图 12-33

09 在时间轴面板中,将"文字01"合成重命名为"中间色"。按快捷键Ctrl+D,复制"中间色"图层,得到"中间色2"图层,将"中间色2"图层拖曳到"中间色"图层下方,如图12-34所示。

图12-34

10 关闭"中间色"图层前面的眼睛,选中"中间色2"图层,在效果控件面板中将"梯度渐变-起始颜色"调整为"H: 0、S: 0、B: 30",将"梯度渐变-结束颜色"调整为"H: 0、S: 0、B: 0",如图12-35所示。

图12-35

11 将"边缘厚度"调整为"22",将"灯光角度"调整为"+20"。删除投影效果,如图12-36所示。

图12-36

12 打开"中间色"图层前面的眼睛,按住Shift键,同时选中"中间色"和"中间色2"图层。按P键,将"中间色"图层的"位置"调整为"960, 540, -50",将"中间色2"图层的"位置"调整为"960,540, -25",效果如图12-37所示。

图12-37

13 按快捷键Ctrl+D,复制"中间色2"图层,得到"中间色3"图层,将"中间色3"图层重命名为"底色"并拖曳到"中间色2"图层下方。选中"底色"图层,打开"独奏",查看器面板中只显示"底色"图层的内容,如图12-38所示。

图12-38

14 在效果控件面板中将"梯度渐变-起始颜色"调整为"H: 20、S: 99、B: 98",将"梯度渐变-结束颜色"也调整为"H: 20、S: 99、B: 98",如图12-39所示。

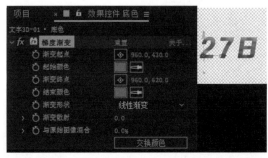

图12-39

15 将"边缘厚度"调整为"18"，将"灯光角度"调整为"+21"。按 P 键，将"位置"调整为"960，540，0"，关闭"独奏"，查看器面板中显示当前所有图层内容，如图 12-40 所示。

图12-40

16 为文字单独添加阴影效果。按快捷键 Ctrl+D，复制"底色"图层，得到"底色 2"图层，将"底色 2"图层拖曳到"底色"图层下方，并重命名为"阴影"，如图 12-41 所示。

图12-41

17 在效果控件面板中，删除"阴影"图层的"梯度渐变"和"斜面 Alpha"。在时间轴面板中打开"独奏"，只显示"阴影"图层内容，如图 12-42 所示。

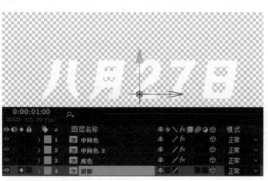

图12-42

18 在效果控件面板空白处单击鼠标右键，执行"生成 - 填充"命令，将"颜色"调整为"H: 0、S: 0、B: 0"，如图 12-43 所示。

图12-43

19 在效果控件面板空白处单击鼠标右键，执行"过时 - 高斯模糊(旧版)"命令，将"模糊度"调整为"27"，将"模糊方向"调整为"垂直"，如图 12-44 所示。

图12-44

20 按 P 键，将"阴影"图层的"位置"调整为"960，540，-50"，将"中间色 2"图层的"位置"调整为"960，563，-25"，关闭"独奏"，如图 12-45 所示。

图12-45

21 选中"中间色"图层,按快捷键Ctrl+D,复制图层,得到"中间色3"图层,将"中间色3"图层重命名为"高光",如图12-46所示。

图12-46

22 选中"高光"图层,在效果控件面板中将"梯度渐变-起始颜色"调整为"H: 0、S: 0、B: 55",将"梯度渐变-结束颜色"调整为"H: 0、S: 0、B: 85",如图12-47所示。

图12-47

23 不改变"斜面Alpha"设置,将"不透明度"调整为"30",将"距离"调整为"33"如图12-48所示。

图12-48

24 在效果控件面板空白处单击鼠标右键,执行"生成-CC Light Sweep"命令,将"Direction"调整为"-30",将"Sweep Intensity"调整为"70",将"Edge Intensity"调整为"120",将"Edge Thickness"调整为"5.5",如图12-49所示。

图12-49

25 将"投影"拖曳到"CC Light Sweep"下方。执行"遮罩-简单阻塞工具"命令,将"阻塞遮罩"调整为"5",将"投影"拖曳到"简单阻塞工具"下方,如图12-50所示。

图12-50

第3节 文字镜头制作

本节将以第2节制作的3D立体文字动画为基础，讲解如何使用"发光""色调""曲线""CC Light Burst 2.5"和"CC Lens"效果，将加入的背景、粒子、烟雾、氛围光与动画配合，制作出炫酷的文字镜头。扫描图12-51所示二维码可观看本节的教学视频。

图12-52所示的图片为本节需要实现的效果。

图12-51

图12-52

操作步骤

01 在项目面板中，选中"3D文字"文件夹，将其拖曳到"设计文件"文件夹中，选中"设计文件"文件夹，在项目面板左下角单击"新建文件夹"按钮，新建一个文件夹，并命名为"文字镜头"，如图12-53所示。

02 选中"文字镜头"文件夹，在项目面板的底部，单击"新建合成"按钮，创建一个新合成，将"合成名称"命名为"文字C-01"，将"持续时间"调整为"0:00:10:00"，如图12-54所示。

图12-53

图12-54

03 选中"文字 C-01"合成,将"文字 3D-01"拖曳到"文字 C-01"的时间轴面板中,如图 12-55 所示。

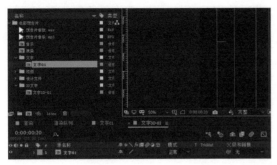

图12-55

04 在时间轴面板空白处单击鼠标右键,执行"新建 - 摄像机"命令,在弹出的对话框中,将"预设"调整为"35毫米",确认不选择"启用景深"选项,选中"锁定到缩放"选项,如图 12-56 所示。

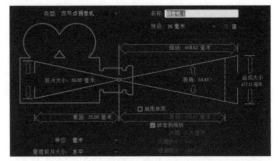

图12-56

05 在时间轴面板空白处单击鼠标右键,执行"新建 - 空对象"命令,将新建的空对象图层命名为"摄像机控制",为"摄像机 1"图层与"摄像机控制"图层创建父子链接,如图 12-57 所示。

图12-57

06 在时间轴面板中将"摄像机控制"图层和"文字 3D-01"图层转换为 3D 图层,如图 12-58 所示。

图12-58

07 选中"摄像机控制"图层,将时间指示器拖曳到 0 帧,按 P 键,将"位置"调整为"960,540,135"。将时间指示器拖曳到 5 秒,将"位置"调整为"960,540,0",如图 12-59 所示。

图12-59

08 将项目面板中的"背景 .jpg"图片拖曳到"文字 3D-01"图层下方,如图 12-60 所示。

图12-60

09 按 F3 键，打开效果控件面板。在效果控件面板空白处单击鼠标右键，执行"颜色校正 – 色调"命令，将"将白色映射到"调整为"H：0、S：0、B：65"，如图 12-61 所示。

图12-61

10 在项目面板中，将"粒子"文件夹下的"1.mov""10.mov""3.mov""8.mov"和"9.mov"依次拖曳到"背景.jpg"图层上方，并将"模式"调整为"屏幕"，如图 12-62 所示。

图12-62

11 选中"1.mov"图层，在效果控件面板空白处单击鼠标右键，执行"风格化 – 发光"命令和"颜色校正 – 色调"命令，将"将白色映射到"调整为"H：20、S：100、B：100"，如图 12-63 所示。

图12-63

12 将项目面板中的"氛围光"视频素材拖曳到"摄像机控制"图层上方，将"模式"调整为"屏幕"，效果如图 12-64 所示。

图12-64

13 将项目面板"烟雾"文件中的"12 烟雾 .mp4"视频素材拖曳到"摄像机控制"图层上方，将"模式"调整为"屏幕"，如图 12-65 所示。

图12-65

14 关闭"12 烟雾 .mp4"图层的"喇叭"，将其声音去掉，按 T 键，将"不透明度"调整为"20"，效果如图 12-66 所示。

图12-66

15 在时间轴面板中单击鼠标右键，执行"新建 - 调整图层"命令，将新建的调整图层命名为"颜色控制"，如图 12-67 所示。

图12-67

16 按 F3 键，打开效果控件面板。在效果控件面板空白处单击鼠标右键，执行"颜色校正 - 曲线"命令，如图 12-68 所示。

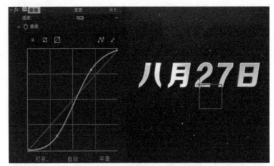

图12-68

17 单独调整"蓝色"通道和"绿色"通道曲线图，区分亮部颜色与暗部颜色的冷暖关系，如图 12-69 所示。

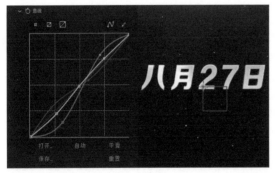

图12-69

18 在时间轴面板空白处单击鼠标右键，执行"新建 - 调整图层"命令，将新建的调整图层命名为"转场控制"，将"转场控制"图层拖曳到"摄像机控制"图层上方，如图 12-70 所示。

图12-70

19 在效果控件面板空白处单击鼠标右键，执行"生成 -CC CC Light Burst2.5"命令。将时间指示器拖曳到0帧，将"Intensity"调整为"500"，将"Ray Length"调整为"75"，并打开"Intensity"和"Ray Length"的码表，如图 12-71 所示。

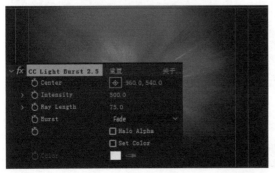

图12-71

20 将时间指示器拖曳到1秒，将"Intensity"调整为"100"，将"Ray Length"调整为"0"，如图 12-72 所示。

图12-72

21 按U键，显示"转场控制"图层所有关键帧信息。选中"Intensity"关键帧，按F9键，打开图表编辑器，按住Shift键，拖曳控制手柄，将"影响"调整为"100"，设置降速过程，如图12-73所示。

图12-73

22 选中 "Ray Length" 关键帧，按F9键后按住Shift键，拖曳控制手柄，将"影响"调整为"100"，设置降速过程，如图12-74所示。

图12-74

23 在效果控件面板空白处单击鼠标右键，执行"扭曲 -CC Lens"命令。将时间指示器拖曳到1秒，将"Size"调整为"308"，单击"size"前的码表添加关键帧，如图12-75所示。

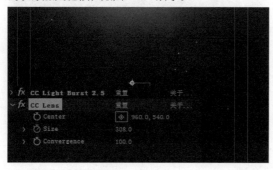

图12-75

24 将时间指示器拖曳到0秒，将"Size"调整为"115"，如图12-76所示。

图12-76

25 选中 "CC Lens" 关键帧，按F9键后，按住Shift键，拖曳控制手柄，将"影响"调整为"100"，设置降速过程，如图12-77所示。

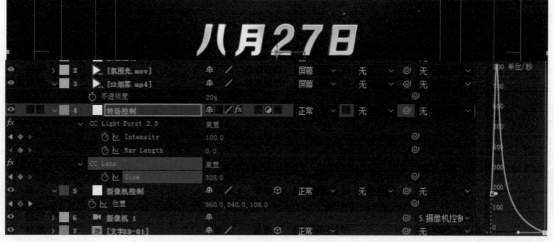

图12-77

第4节 快速替换内容制作其他镜头

本节将以前3节制作的动画为基础，讲解如何利用文字"八月27日"的相关合成，快速制作文字"有史以来最大的冒险""回归大荧幕""震撼3D体验"和"饕餮视觉盛宴"的镜头。

扫描图12-78所示二维码可观看本节的教学视频。

图12-79所示的图片为本节需要实现的效果。

图12-78

图12-79

操作步骤

01 选中项目面板"文字"文件夹中的"文字01"合成，连续按4次快捷键Ctrl+D，复制合成，由此得到"文字02""文字03""文字04"和"文字05"4个合成，如图12-80所示。

02 在项目面板中双击"文字02"合成。将查看器面板调整为"1个视图"。在"文字02"时间轴面板中将"文字01"图层重命名为"文字02"。双击"文字02"图层，修改文字内容为"有史以来最大的冒险"，关闭文字"粗体"，效果如图12-81所示。

图12-80

图12-81

03 在项目面板中双击"文字 03"合成。将查看器面板调整为"1 个视图"。在"文字 03"时间轴面板中将"文字 01"图层重命名为"文字 03"。双击"文字 03"图层,修改文字内容为"回归大荧幕",关闭文字"粗体",效果如图 12-82 所示。

图12-82

05 在项目面板中双击"文字 05"合成。将查看器面板调整为"1 个视图"。在"文字 05"时间轴面板中将"文字 01"图层重命名为"文字 05"。双击"文字 05"图层,修改文字内容为"饕餮视觉盛宴",关闭文字"粗体",效果如图 12-84 所示。

图12-84

07 在项目面板中双击"文字 3D-02"合成。在时间轴面板中单击"图层名称"使其变为"源名称"。按住 Shift 键选中所有图层。按住 Alt 键将项目面板中的"文字 02"合成拖曳到时间轴面板中的图层上,所有图层由"文字 01"调整为"文字 02",将查看器面板文字替换为"有史以来最大的冒险",如图 12-86 所示。

图12-86

04 在项目面板中双击"文字 04"合成。将查看器面板调整为"1 个视图"。在"文字 04"时间轴面板中将"文字 01"图层重命名为"文字 04"。双击"文字 04"图层,修改文字内容为"震撼 3D 体验",关闭文字"粗体",效果如图 12-83 所示。

图12-83

06 选中项目面板"设计文件"文件夹下"3D 文字"文件夹中的"文字 3D-01"合成,连续按 4 次快捷键 Ctrl+D,复制合成,并重命名为"文字 3D-02""文字 3D-03""文字 3D-04"和"文字 3D-05"4 个合成,如图 12-85 所示。

图12-85

08 在项目面板中双击"文字 3D-03"合成。在时间轴面板中单击"图层名称"使其变为"源名称"。按住 Shift 键选中所有图层。按住 Alt 键将项目面板中的"文字 03"合成拖曳到时间轴面板中的图层上,所有图层由"文字 01"调整为"文字 03",将查看器面板文字替换为"回归大荧幕",如图 12-87 所示。

图12-87

09 在项目面板中双击"文字 3D-04"合成。在时间轴面板中单击"图层名称"使其变为"源名称"。按住 Shift 键并选中所有图层。按住 Alt 键将项目面板中的"文字 04"合成拖曳到时间轴面板中的图层上，所有图层由"文字 01"调整为"文字 04"，将查看器面板文字替换为"震撼 3D 体验"，如图 12-88 所示。

图12-88

10 在项目面板中双击"文字 3D-05"合成。在时间轴面板中单击"图层名称"使其变为"源名称"。按住 Shift 键并选中所有图层。按住 Alt 键将项目面板中的"文字 05"合成拖曳到时间轴面板中的图层上，所有图层由"文字 01"调整为"文字 05"，将查看器面板文字替换为"饕餮视觉盛宴"，如图 12-89 所示。

图12-89

11 选中项目面板中"设计文件"文件夹下"文字镜头"文件夹中的"文字 C-01"合成，连续按 4 次快捷键 Ctrl+D，复制合成，并重命名为"文字 C-02""文字 C-03""文字 C-04"和"文字 C-05" 4 个合成，如图 12-90 所示。

图12-90

12 在项目面板中双击"文字 C-02"合成。在时间轴面板中单击"图层名称"使其变为"源名称"。按住 Shift 键选中所有图层。按住 Alt 键将项目面板中的"文字 C-02"合成拖曳到时间轴面板中的图层上，所有图层由"文字 3D-01"调整为"文字 C-02"，将查看器面板文字替换为"有史以来最大的冒险"，如图 12-91 所示。

图12-91

13 在项目面板中双击"文字 C-03"合成。在时间轴面板中单击"图层名称"使其变为"源名称"。按住 Shift 键选中所有图层。按住 Alt 键将项目面板中的"文字 C-03"合成拖曳到时间轴面板中的图层上，所有图层由"文字 3D-01"调整为"文字 C-03"，将查看器面板文字替换为"回归大荧幕"，如图 12-92 所示。

图12-92

14 在项目面板中双击"文字 C-04"合成。在时间轴面板中单击"图层名称"使其变为"源名称"。按住 Shift 键选中所有图层。按住 Alt 键将项目面板中的"文字 C-02"合成拖曳到时间轴面板中的图层上，所有图层由"文字 3D-04"调整为"文字 C-04"，将查看器面板文字替换为"震撼 3D 体验"，如图 12-93 所示。

15 在项目面板中双击"文字 C-05"合成。在时间轴面板中单击"图层名称"使其变为"源名称"。按住 Shift 键选中所有图层。按住 Alt 键将项目面板中的"文字 C-05"合成拖曳到时间轴面板中的图层上，所有图层由"文字 3D-01"调整为"文字 C-05"，将查看器面板文字替换为"饕餮视觉盛宴"，如图 12-94 所示。

图12-93

图12-94

第5节 文字动画与音视频素材的拼接

本节将把前 4 节制作完成的 5 个动画、"音乐"合成和镜头动画，在"渲染"合成中拼接，完成《狂野非洲》宣传片的主体部分。扫描图 12-95 所示二维码可观看本节的教学视频。

图 12-96 所示的图片为本节需要实现的效果。

图12-95

图12-96

操作步骤

01 在项目面板中将预先制作完成的"音乐"合成拖曳到"渲染"面板。打开时间轴面板中的"消隐" ▣ ，显示预先制作完成的被隐藏的图层，打开所有图层前"小眼睛"，如图12-97所示。

图12-97

03 选中"视频C-01"图层，按U键，显示所有关键帧信息。将时间指示器拖曳到2秒12帧，按快捷键Alt+]，编辑该图层工作区域的出点，如图12-99所示。

图12-99

05 将时间指示器拖曳到5秒20帧，按快捷键Alt+]，编辑"文字C-02"图层工作区域的出点，如图12-101所示。

图12-101

02 将制作完成的文字镜头穿插至视频镜头中。将项目面板中的"文字C-01"合成拖曳到时间轴面板中"音乐"图层的上方，如图12-98所示。

图12-98

04 将项目面板中的"文字C-02"合成拖曳到时间轴面板中"文字C-01"图层的上方，将时间指示器拖曳到3秒12帧，按快捷键Alt+[，编辑"文字C-02"图层工作区域的入点，如图12-100所示。

图12-100

06 将时间指示器拖曳到12秒，选中"视频C-05"图层，按住Shift键单击时间指示器，时间指示器自动对齐"视频C-05"图层的最后一帧。将项目面板中的"文字C-03"合成拖曳到时间轴面板中"文字C-02"图层的上方，按[键，将"文字C-03"图层工作区域的入点对齐到时间指示器的位置，如图12-102所示。

图12-102

07 选中"视频 C-06"图层,按 U 键,显示关键帧信息。按 K 键,时间指示器跳转到下一个关键帧位置。选择"文字 C-03",按快捷键 Alt+],编辑该图层工作区域的出点,如图 12-103 所示。

图12-103

08 将时间指示器拖曳到 15 秒 15 帧,选中"视频 C-06"图层,按住 Shift 键,单击时间指示器,时间指示器自动对齐"视频 C-06"图层最后一帧的位置。将项目面板中的"文字 C-04"合成拖曳到时间轴面板中"文字 C-03"图层的上方,按 [键,将"文字 C-04"图层工作区域的入点对齐到时间指示器的位置,如图 12-104 所示。

图12-104

09 选中"视频 C-07"图层,按 U 键,显示关键帧信息。将时间指示器拖曳到 16 秒 20 帧,选中"文字 C-04"层,按快捷键 Alt+],编辑该图层工作区域的出点,如图 12-105 所示。

图12-105

10 将时间指示器拖曳到 18 秒 11 帧,选中"视频 C-08"图层,按住 Shift 键,单击时间指示器,时间指示器自动对齐"视频 C-08"图层最后一帧的位置。将项目面板中的"文字 C-05"合成拖曳到时间轴面板中"文字 C-04"图层的上方,按 [键,将"文字 C-05"图层工作区域的入点对齐到时间指示器的位置,如图 12-106 所示。

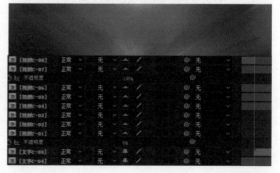

图12-106

11 选中"视频 C-09"图层,按 U 键,显示关键帧信息。将时间指示器拖曳到"视频 C-09"两个关键帧之间,按 K 键,跳转至后边关键帧的位置。选择"文字 C-05",按快捷键 Alt+],编辑该图层工作区域的出点,如图 12-107 所示。

图12-107

第6节 片尾制作

前5节已经将《狂野非洲》预告片的主体完成了，本节来讲解片尾的制作方法。本节将利用前面制作过的合成完成片尾文字"狂野非洲"的动画制作，并为片尾替换背景。

扫描图12-108所示二维码可观看本节的教学视频。

图12-109所示的图片为本节需要实现的效果。

图12-108

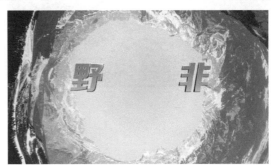
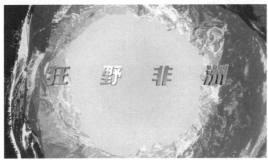

图12-109

操作步骤

01 选中项目面板中"电影预告片"文件夹下"文字"文件夹中的"文字05"合成，按快捷键Ctrl+D，复制合成，并重命名为"文字06"合成，如图12-110所示。

02 双击进入"文字06"合成，将"文字05"图层重命名为"文字06"，双击"文字06"图层，修改文字内容为"狂野非洲"，如图12-111所示。

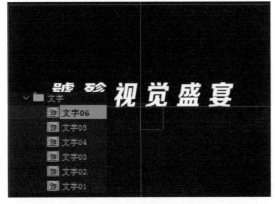

图12-110

图12-111

03 选中项目面板中"设计文件"文件夹下"3D文字"文件夹中的"文字 3D-05"合成，按快捷键 Ctrl+D，复制合成，得到"文字 3D-06"合成，如图 12-112 所示。

图12-112

04 在项目面板中双击"文字 3D-06"合成。按住 Shift 键选中所有图层。在项目面板中按住 Alt 键，将"文字 06"合成拖曳到时间轴面板中的图层上，所有图层由"文字 05"调整为"文字 06"，如图 12-113 所示。

图12-113

05 选中项目面板中"设计文件"文件夹下"文字镜头"文件夹中的"文字 C-05"合成，按快捷键 Ctrl+D，复制合成，并重命名为"文字 C-06"合成，如图 12-114 所示

图12-114

06 在项目面板中双击"文字 C-06"合成。选中时间轴面板中的"文字 3D-05"图层，在项目面板中按住 Alt 键将"文字 3D-06"合成拖曳到时间轴面板中的"文字 3D-05"图层上，"文字 3D-05"调整为"文字 3D-06"，效果如图 12-115 所示。

图12-115

07 将项目面板"电影预告片"文件夹下"镜头图片"文件中的"14.jpg"图片素材文件拖曳到时间轴面板中"背景"图层的上方，然后删除"背景"图层，如图 12-116 所示。

图12-116

08 选中"14.jpg"图层，按 S 键，将"缩放"调整为"35"，效果如图 12-117 所示。

图12-117

09 删除"颜色控制"图层、"氛围光.mov"图层和"12烟雾.mp4"图层，效果如图12-118所示。

图12-118

11 关闭效果控件面板中"高光"图层和"中间色"图层的"投影"效果，如图12-120所示。

图12-120

13 进入"渲染"的时间轴面板，将时间指示器拖曳到26秒16帧，按住Shift键，单击时间指示器，时间指示器自动对齐"视频C-13"图层最后一帧的位置。将项目面板中的"文字C-06"合成拖曳到时间轴面板中"文字C-05"图层的上方，按 I 键，将"文字C-06"图层工作区域的入点对齐到时间指示器的位置，如图12-122所示。

图12-122

10 双击"文字3D-06"图层，进入"文字3D-06"的时间轴面板，打开"切换透明网格"按钮。关闭"阴影"图层前的"眼睛"，如图12-119所示。

图12-119

12 回到"文字C-06"的时间轴面板，选中"14.jpg"图层，将时间指示器拖曳到0帧，单击"缩放"前的码表添加关键帧。将时间指示器拖曳到9秒23帧，将"缩放"调整为"45"，如图12-121所示。

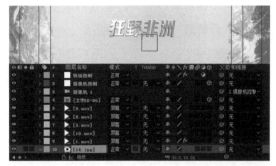

图12-121

14 合成中只有"音乐"图层需要有声音，其他图层不需要声音，关闭"文字C-01"～"文字C-06"图层前的"小喇叭"即可，如图12-123所示。

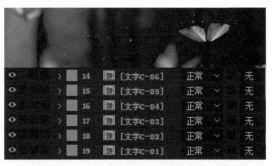

图12-123

15 展开"音乐"图层后，展开"音频 – 波形"，显示音频的波形，将时间指示器拖曳到"音乐"图层最后重音的位置，如图 12-124 所示。

图12-124

16 双击"文字 C-06"图层，进入"文字 C-06"的时间轴面板，选中"文字 3D-06"图层，拖曳其工作区域至图 12-125 所示位置，将定版文字与时间指示器对齐。

图12-125

17 回到"渲染"的时间轴面板，单击"消隐"按钮，隐藏使用视频图层。在时间轴面板空白处右键，执行"新建 – 调整图层"命令，将新建的调整图层命名为"调整器"，如图 12-126 所示。

图12-126

18 按 F3 键，打开效果控件面板。在效果控件面板空白处单击鼠标右键，执行"杂色和颗粒 – 杂色"命令，将"杂色数量"调整为"2"，如图 12-127 所示。

图12-127

19 执行"效果 – 模糊和锐化 – 锐化"命令，将"锐化量"调整为"10"，如图 12-128 所示。

图12-128

20 在项目面板中，将"电影预告片"文件夹下"设计文件"文件夹中的"影片遮幅"图片素材文件拖曳到时间轴面板中"调整器"图层的上方，效果如图 12-129 所示。预览动画，若动画无误即可渲染输出，完成本次练习。

图12-129

第 **13** 课

渲染输出

每个项目完成后都需要将其渲染输出形成最终的产品。本课将讲解关于渲染输出的相关知识，使读者掌握将完成的项目进行渲染输出，以及了解After Effects支持的输出格式及编码设置。

第1节 渲染列队面板

渲染是合成创建帧的过程。帧的渲染是依据构成该图像模型合成中的所有图层、设置和其他信息，创建合成的二维图像的过程。影片的渲染是对构成影片的每个帧的渲染。

知识点 1 添加到渲染列队

在 After Effects 中渲染和导出影片的主要方式是使用渲染队列面板。在项目面板中选中需要渲染的合成，按快捷键 Ctrl+M 或执行"合成 – 添加到渲染队列"命令，如图 13-1 所示，即可打开渲染队列面板，并将该合成项目加入到渲染队列中。

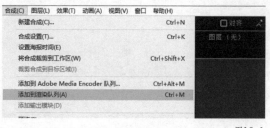

图13-1

After Effects 可以将多个合成按照在队列中的顺序进行渲染。在渲染队列中，After Effects 在无人参与的情况下会成批渲染多个合成。单击渲染队列面板右上角的"渲染"按钮时，After Effects 将按照在渲染队列面板中列出的顺序渲染所有状态为"已加入队列"的合成。

很多时候，并不需要将整个动画或者影片渲染出来，这就需要限制渲染范围。按 B 键设置渲染范围的入点，按 N 键设置渲染范围的出点，如图 13-2 所示。

图13-2

知识点 2 渲染设置

渲染设置应用于每个渲染项，并确定如何渲染该特定渲染项的合成。默认情况下，渲染项的渲染设置基于当前项目设置、合成设置，以及该渲染项所基于的合成的切换设置。每个渲染项的渲染设置也可以手动修改。渲染设置应用于渲染项的根合成，以及所有嵌套合成，如图13-3所示。

>	当前渲染				已用时间：		剩余时间：	
渲染	🏷	#	合成名称	状态	已启动		渲染时间	注释
✓		1	MG_电脑2	已加入队列	-		-	
	>	渲染设置：	✓ 最佳设置			日志：	仅错误	✓
	>	输出模块：	✓ 无损		＋	输出到：	✓ MG_电脑2.avi	

图13-3

要更改渲染项的渲染设置，单击渲染队列面板中"渲染设置"后的渲染预设（蓝色文字），在弹出的"渲染设置"对话框中调整设置。

要将渲染预设应用于选定的渲染项，单击渲染队列面板中"渲染设置"后的箭头，在下拉菜单中选择预设的选项即可，如图13-4所示。

"最佳设置"常用于渲染最终输出。

"DV设置"对比"最佳设置"，打开了"场渲染"，并设置为"低场优先"。

"多机设置"对比"最佳设置"，选择了"跳过现有文件"以启用多机渲染。

"草图设置"适用于审阅或测试运动，如果仅仅是想输出一个基本样稿，可以选择此项。

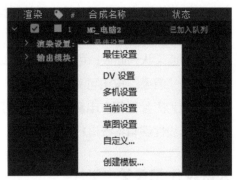

图13-4

知识点3 输出模块设置

使用输出模块设置来指定最终输出的文件格式、输出颜色配置文件、压缩选项以及其他编码选项。"输出模块设置"对话框如图13-5所示。

在渲染之前，检查"输出模块设置"对话框中的"音频输出"。

要渲染音频，勾选"音频输出"；若合成不包括音频，不勾选"音频输出"，以免增加渲染文件的大小。

在"输出模块设置"对话框中选择某些格式时，会额外打开一个对话框，如"压缩选项"。

同一个合成需要渲染多种格式，可以单击"输出模块"后的"+"，添加新的输出模块。例如，可以渲染出影片的高分辨率和低分辨率版本。

单击渲染队列面板"输出到"后的箭头，基于命名调整输出文件的名称及路径，或单击"输出到"旁边的文本确定输出路径及名称。

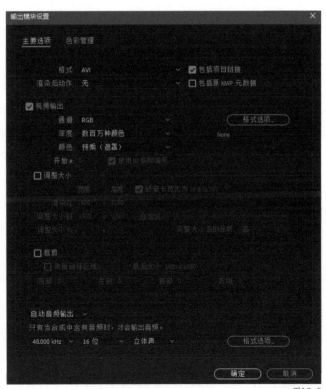

图13-5

知识点 4 渲染设置检查

在渲染队列面板中，可以同时管理多个渲染项，每个渲染项都有自己的渲染设置和输出模块设置。要检查每个渲染项的输出帧速率、持续时间、分辨率和图层品质。

在渲染设置之后应用的输出模块设置，要检查输出格式、压缩选项、裁剪和是否在输出文件中嵌入项目链接。

使用渲染队列面板，可以将同一合成渲染成不同的格式，或使用不同的设置进行渲染。

单击"渲染"按钮可完成这些操作：输出为静止图像序列，如 Cineon 序列，然后将该序列转换为影片以便在电影院放映；使用无损压缩或不进行压缩输出到 QuickTime 容器，以转换到非线性编辑系统进行视频编辑。

知识点 5 渲染输出影片

单击渲染队列面板右上角的"渲染"按钮，开始渲染。将合成渲染成影片，需要几秒或数小时，具体取决于合成的帧大小、复杂性以及压缩方法。渲染完成时，会响起提示音。

渲染完成时，渲染合成仍位于渲染队列面板中，状态更改为"完成"。不能再次渲染已经完成渲染的合成项，但是可以复制它，以使用相同的设置或新设置在队列中创建新的渲染。

第2节 输出格式及编码介绍

After Effects 提供了各种输出格式和压缩选项。要选择哪种格式和压缩选项取决于输出文件的使用方式。例如，如果 After Effects 渲染的影片是直接向观众播放的最终产品，则需要考虑将用于播放影片的媒体、文件大小和数据传输速率的限制。反之，如果创建的影片是将用作输入到视频编辑系统的半成品，则应当输出与视频编辑系统兼容的格式，而不进行压缩。

知识点 1 支持的输出格式

支持的视频和动画格式有：QuickTime（MOV）、Video for Windows（AVI，仅限Windows系统）。

支持的视频项目格式有：Adobe Premiere Pro 项目（PRPROJ）。

支持的静止图像格式有：Adobe Photoshop (PSD)、Cineon（CIN、DPX）、Maya IFF (IFF)、JPEG（JPG、JPE）、OpenEXR (EXR)、PNG (PNG)、Radiance（HDR、RGBE、XYZE）、SGI（SGI、BW、RGB）、Targa（TGA、VBA、ICB、VST）和 TIFF (TIF)。

支持的仅音频格式有：音频交换文件格式 (AIFF)、MP3 和 WAV。

知识点 2　影片的编码和压缩选项

压缩的本质是减小影片的大小，从而便于人们高效存储、传输和播放它们。压缩由编码器实现，解压缩由解码器实现。编码器和解码器共同称为编解码器。没有哪个编解码器或一组设置适用于所有情况。例如，最适合压缩卡通动画的编解码器对于压缩实景真人视频通常没什么效果。同样，最适合在慢速网络连接上播放的编解码器，通常不是生产工作流程的中间阶段的最佳编解码器。

After Effects 使用 Adobe Media Encoder 的嵌入版本，通过渲染队列面板来对大多数影片格式进行编码。在使用渲染队列面板管理渲染和导出操作时，将自动调用 Adobe Media Encoder 的嵌入版本。Adobe Media Encoder 仅以"导出设置"对话框的形式出现，可以在该对话框中指定具体的编码和输出设置。

知识点 3　QuickTime（MOV）编码和压缩设置

在渲染队列面板中，单击带下划线的输出模块名称，弹出"输出模块设置"对话框。在对话框中的"格式"中选择"QuickTime"，单击"视频输出"部分的"格式选项"按钮，在弹出的"QuickTime 选项"对话框中，根据特定的编解码器和实际情况，选择编解码器并设置"品质"选项。"品质"设置得越高，图像品质越好，影片文件也会越大。

第3节　渲染输出的操作

制作完成"最终合成"后，按B键设置入点，按N键设置出点，限定渲染范围。执行"合成-添加到渲染队列"命令，如图13-6所示。

图13-6

在渲染队列面板中,将"渲染设置"调整为"最佳设置"。单击"输出到"旁边的"无损"字样,在弹出的"输出模块设置"对话框中,将"格式"调整为"QuickTime",其他设置默认为系统选项,单击"确认"按钮,如图13-7所示。

图13-7

单击渲染队列面板中"输出到"后的箭头,基于命名惯例调整输出文件的名称,然后选择位置,如图13-8所示。

单击渲染队列面板右上角的"渲染"按钮,完成视频的渲染输出,如图13-9所示。

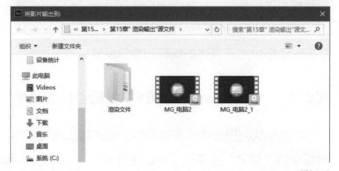

图13-8

图13-9

本节回顾

扫描图13-10所示二维码可回顾本节内容。

1.在项目渲染时,将多个合成添加到渲染队列,单击"渲染"按钮后,软件会从上到下依次自动渲染,无需手动逐个选中。

2.当输出的视频需要保留透明区域以方便在其他软件中编辑时,将通道修改为"RGB+ Alpha"。

图13-10

3.如果需要成批地渲染输出,可以单击"输出到"后的箭头定义输出文件的命名规则,方便保存使用。

4.对于同一个合成,需要渲染多个格式,可以单击输出模块后的"+",添加一个新的输出模块。

第 **14** 课

《家的味道》
片头实战案例

片头用于影片、节目等气氛的营造和气势的烘托，呈现作品名称、开发单位、作品信息等内容。

本课将从分析素材、梳理思路、具体制作到输出结果，来讲解如何完成《家的味道》片头制作项目。

第1节 制作前准备

片头是影片、节目的开头，是留给观众的第一印象，它应从总体上展现作品的风格。片头通常是将作品名称、开发单位、作品信息等文字内容与影片、节目中的精彩镜头相结合而制作出的一段影音材料。本节将从制作思路和创建项目来讲解《家的味道》片头在制作前需要做的一些准备。

知识点 1 制作思路

《家的味道》是一档美食类节目，剧组提供了一个素材文件夹。我们需要利用剧组提供的素材为其制作片头。

首先，要查看素材。打开素材文件夹，其中有10个实拍镜头、1个PNG格式的《家的味道》LOGO定版图片和1个片头文字的Word文件。

接着，应该根据提供的素材设想这个片头应该如何制作。我们需要把片头文字和LOGO定版图片合理地安排到实拍镜头中，并为文字的出现制作不同的动画。

扫描图14-1所示二维码可观看片头制作完成的最终效果。片头以文字动画和蒙版动画为主，包括对视频镜头的一些运动跟踪、调色等效果。

图14-1

图14-2所示的图片为《家的味道》片头中的一些画面。

图14-2

知识点 2 创建项目

明确制作思路后，要对提供的素材进行整理并创建项目。

首先打开After Effects软件，创建一个新项目，然后在项目面板中新建一个文件夹，命名为"家的味道"。在"家的味道"文件夹下新建一个文件夹，命名为"素材"。将所有的素材导入项目面板，并将它们投入"素材"文件夹中。"素材"文件夹中的PNG文件是片头名称的LOGO。

由于本节目组提供的视频素材较短，且每个视频素材都会用到，所以直接将所有素材导入After Effects即可。

之后，在"家的味道"文件夹下再新建两个文件夹：一个文件夹命名为"镜头"，镜头的合成文件全部放到这里；另一个文件夹命名为"片头文字"，将Word文件中所有演职人员的职位和姓名文字动画合成全部放到这里。

此时的项目面板如图14-3所示。

图14-3

本节回顾

扫描图14-4所示二维码可回顾本节内容。

本节讲解了在制作项目前需要做的准备工作。

图14-4

第2节 挑选并剪辑素材

很多导演会对影片、节目中的某些镜头非常满意，在制作片头时要优先考虑使用这些镜头，根据实际情况挑选并剪辑素材。本节将讲解如何提取指定视频素材及如何剪辑素材。

知识点 1 提取素材

导演会根据场记的记录以完整影片的时间标注满意的镜头，而我们收到的素材可能只是视频片段。所以需要修改 After Effects 中视频时间显示的样式，使其时间显示为完整视频中所处的时间。

执行"文件-项目设置"命令，在弹出的"项目设置"对话框中的"时间显示样式"下，将"素材开始时间"调整为"使用媒体源"，如图14-5所示。

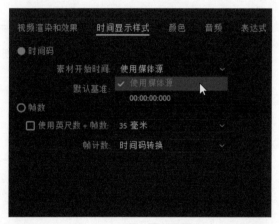

设置完成后，可以看到"c-01背景"素材的时长为25秒左右，位于完整视频的"17:31:59:05~17:32:24:09"，如图14-6所示。

图14-5

这样，我们就可以和场记所记录的时间有所对应，找到导演满意的相应镜头，将其提取出来。

图14-6

知识点 2 剪辑素材

提取完导演满意的镜头，我们需要根据梳理好的设计思路以及镜头本身，将制作使用的片段生成合成并剪辑好。这些合成创建在"镜头"文件夹中。在本案例的视频剪辑中涉及两个特殊问题：改变视频速度和影片倒放。

改变视频速度

"c-02 西红柿"的时长偏长，需要将它的时长缩短。剪好"c-02 西红柿"后，选中图层，执行"效果-时间-时间扭曲"命令，在效果控件面板中将"方法"调整为"全帧"，将"调整时间方式"调整为"速度"，将"速度"调整为"70"，将视频的速度加快，如图14-7所示。

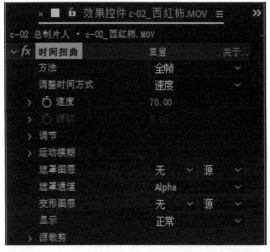

图14-7

影片倒放

"c-08 黄瓜"的内容是将合在一起的两段黄瓜拉开，再合到一起，再拉开的重复动作。素材中从拉开状态到合在一起的过程比较完美，而需要的素材应该是将合在一起的两段黄瓜拉开，所以需要将视频倒放。

选中"c-08 黄瓜"图层，执行"图层-时间-时间反向图层"命令，将视频倒放，如图14-8所示。

将素材文件挑选出来之后，在项目面板"家的味道"文件夹下，新建一个合成，命名为"最终合成"，"持续时间"调整为"47秒"。后面在制作完所有镜头后，会将所有的镜头在"最终合成"中进行拼接。

图14-8

本节回顾

扫描图14-9所示二维码可回顾本节内容。

本节讲解了如何在After Effects中挑选并剪辑素材。

图14-9

第3节 配合视频制作文字动画

在上一节已经将视频素材创建为合成并完成剪辑，本节将制作文字合成动画，将其与视频合成配合在一起。

知识点1 镜头 c-01 出品人制作

"c-01 出品人"镜头的完成效果如图14-10所示。在镜头平移的过程中，一条白线由右侧向左侧迅速飘过，文字由中间向上下展开。

图14-10

动画制作

首先在"片头文字"文件夹下创建与"c-01 出品人"镜头合成持续时间相同的"c-01 出品人"文字合成。合成的尺寸不用太大，够用即可。在合成中新建文字图层，输入文字"出品人 李怀忠"并进行排版。

此镜头通过位置和蒙版路径动画实现文字由中间向上下展开。利用形状图层的位置动画，实现白线由右侧向左侧迅速飘过的效果。利用运动模糊开关制作白线飘过产生的动态模糊。利用不透明度动画使文字产生淡出效果。调整文字颜色时需要其与线条颜色有所区分。

在文字动画的制作过程中，需要打开标尺和标题/动作安全，确定文字展开的位置以及确保文字在安全位置内。

颜色调整

对镜头进行调色，由于所有素材基本上是在相同环境下拍摄的，所以这里对镜头的颜色调整完毕后，可以将调色相关的图层复制到其他镜头中。

本案例中需要颜色调整的情况主要有两种：一种是镜头过曝，另一种是对比度不够。

镜头过曝

新建一个调整图层，重命名为"调色"，利用"颜色校正－曲线"进行简单的调色。调整RGB通道，将整体的亮部压暗。调整红色通道将颜色稍微提亮，把暗部稍微的压暗。调整绿色通道，增加亮部的绿色，将暗部的绿色稍微降低。

对比度不够

新建一个调整图层，重命名为"对比度"，利用"颜色校正－曲线"中的RGB通道将亮部调亮，暗部压暗。

运动模糊

在制作过程中，为节省计算机的资源，将"运动模糊"关掉，在最后渲染时，再开启运动模糊即可。这样"c-01出品人"这个文件就制作完毕了。

知识点 2 镜头 c-02 总制片人制作

"c-02 总制片人"镜头的完成效果如图14-11所示。一条白线将西红柿切成两半，呈扇形分布的文字弹性展开。

图14-11

此镜头利用仿制图章工具绘画，使西红柿在白线"切开"前保持完整。利用不透明度动画使西红柿切开更加自然。利用钢笔工具绘制弧线蒙版，通过将文字图层的"路径"调整为"蒙版"使文字呈扇形分布。利用位置动画使文字产生弹性展开的效果。

知识点 3 镜头 c-03 总编审制作

"c-03 总编审"镜头的完成效果如图14-12所示。在切开的黄瓜中出现文字。

图14-12

此镜头利用蒙版路径动画实现将切开黄瓜的刀子拿起，黄瓜中的文字随之出现的效果。使用运动跟踪，使黄瓜在抖动时文字随其一同抖动，模拟文字写在黄瓜上的效果。

知识点 4 镜头 c-04 制片人与镜头 c-05 商业总监制作

"c-04 制片人"镜头和"c-05 商业总监"镜头的完成效果如图14-13所示。文字随着胡萝卜切片的移开和土豆的滚动出现。

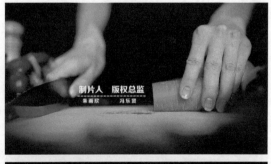

图14-13

此镜头利用蒙版路径动画实现文字随着胡萝卜移开和土豆滚动出现。

知识点 5 镜头 c-06 总顾问制作

"c-06 总顾问"镜头的完成效果如图14-14所示。文字随着黄瓜切片的移开路径伸缩展开。

图14-14

此镜头利用钢笔工具绘制直线蒙版，通过将文字图层的"路径"调整为"蒙版"，以及制作"路径"下的"首字边距"和"末字边距"关键帧动画，实现文字随着黄瓜切片的移开路径伸缩展开。

知识点 6 镜头 c-07 解说制作

"c-07 解说"镜头的完成效果如图14-15所示。文字随着胡萝卜的滚动出现。

图14-15

此镜头利用蒙版路径动画实现文字随着胡萝卜的滚动出现。

这个镜头是俯拍的视角，与其他镜头色调不同，镜头颜色调整不能直接复制，需要单独处理。

知识点 7 镜头 c-08 执行总导演制作

"c-08 执行总导演"镜头的完成效果如图14-16所示。一条白线将黄瓜切成两半,文字随着黄瓜的拉开路径而展开。

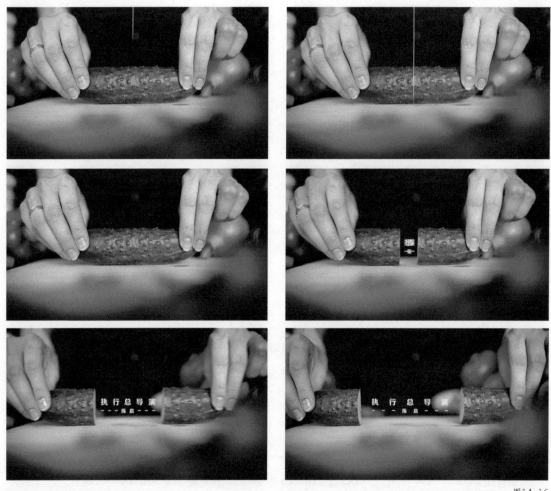

图14-16

此镜头中一条白线将黄瓜切成两半,与"c-02 总制片人"镜头中一条白线将西红柿切成两半动画的制作方法相似,利用仿制图章工具进行绘画,使黄瓜在白线"切开"前保持完整,利用不透明度动画使黄瓜的切开更加自然。

文字随着黄瓜的拉开路径而展开,与"c-06 总顾问"镜头中文字随黄瓜切片的移开路径伸缩展开相似,利用钢笔工具绘制直线蒙版,通过将文字图层的"路径"调整为"蒙版",以及制作"路径"下的"首字边距"和"末字边距"关键帧动画,实现文字随着黄瓜的拉开路径而展开。

知识点 8 镜头 c-09 总导演制作

"c-09 总导演"镜头的完成效果如图14-17所示。文字随着小葱的拉开而显示出来。

图14-17

此镜头利用蒙版路径动画实现将文字随着小葱的拉开显示出来，模拟文字写在菜板上被小葱遮挡的效果。

知识点 9 镜头 c-10 片名制作

"c-10 片名"镜头的完成效果如图14-18所示。LOGO随着菜板上的蔬菜移开而显示出来，并随着菜板一同抖动。

图14-18

此镜头利用蒙版路径动画实现LOGO随着菜板上的蔬菜移开而显示出来。使用运动跟踪，使菜板在抖动时LOGO随其一同抖动，模拟LOGO贴在菜板上的效果。

本节回顾

本节讲解了配合视频制作文字动画的要点，没有写具体的操作步骤。

扫描图14-19所示二维码可观看本节的具体教学视频。

制作c-01　　　　制作c-02　　　制作c-03和c-04　　制作c-05~c-07　　制作c-08~c-10　　图14-19

第4节 镜头合成

上一节已经将所有的镜头制作完毕，本节将把之前制作完毕的镜头进行合成。

知识点1 完成最终合成

首先，将已完成的所有镜头拖入"最终合成"的时间轴面板中。接着，根据每个镜头的开始画面、结束画面和出现顺序将它们依次排开，如图14-20所示。在镜头过渡的位置可以通过不透明度动画进行简单的转场，使下一个镜头淡入出现。最后，将合成时长调整为所有镜头展示完毕所需的时间。

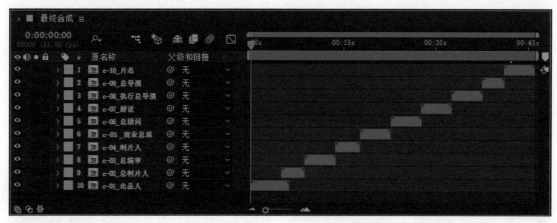

图14-20

知识点2 输出项目

将之前关闭的"运动模糊"打开，预览动画无误后，按快捷键Ctrl+M将"最终合成"添加到渲染列队，在渲染列队面板中对合成的输出进行设置，设置完毕后渲染输出合成。到此《家的味道》片头制作完毕。

本节回顾

扫描图14-21所示二维码可观看本节的具体教学视频。

在合成文件中可以加入音乐，根据音乐节奏对整个片头的片长进行调节。由于音乐的制作和整个画面的制作是完全分开的，所以在本课就不讲解音乐节奏的编辑了，只讲解运用After Effects制作画面的相应功能。

图14-21